KB021084

다카마쓰를 만나러 갑니다

나를 위로하는 일본 소도시

다카마쓰를 만나러 갑니다

이예은 에세이

세나북스

프롤로그

　'도시'라는 병이 있는 것 같다. 스스로 선택한 적 없는 경쟁에
내몰리는 병, 잠시라도 멈추어 있으면 조급해지는 병, 소비가 아
니고선 내 존재를 증명할 수 없는 병, 필요한 물건이나 정보가 있
으면 그때그때 손에 넣어야 직성이 풀리는 병, 그리고 같은 병을
앓고 있는 사람들과 부대끼며 더욱 심화하는 병…….

　도시는 내 운명이었다. 어린 시절에는 아파트 단지 놀이터와
어두컴컴한 오락실에서 추억을 쌓았고, 학창 시절은 학교와 학원
이 전부였다. 이십 대에는 홍콩에서 대학을 졸업한 후 서울로 돌
아와 취업에 성공했지만, 이내 가벼운 우울증이 찾아왔다. 무작
정 도쿄로 떠나 대학원을 다니고 이직을 하자 어느새 서른. 동아
시아의 손꼽히는 대도시들에서 숨 가쁘게 보낸 청춘이었다.

그렇게 30대가 되자 조금씩 눈에 보이기 시작했다. 십 대 때부터 마음을 잠식해 왔던 외로움과 불안의 원인이. 도시에는 정서적인 여유가 없었다. 무의미해 보이는 등수 싸움은 나이가 들수록 더욱 교묘해질 뿐이었다. 도시가 거대할수록 그곳에 소속된 한 사람, 한 사람의 존재감은 희미해지고, 경쟁은 치열해진다. 그래서 우리는 끊임없이 물질을 통해 스스로를 과시하고, 도태되지 않으려 시간에 쫓기는 삶을 사는지도 모르겠다.

움직이는 교통수단이나 높은 건물 안이 아닌, 그저 땅을 딛고 하늘을 바라보는 시간이 하루에 얼마나 될까. 철근과 콘크리트에 갇혀 컴퓨터나 스마트폰을 온종일 들여다보는 삶이 과연 정상인 걸까. 그런 회의감이 내가 버틸 수 있는 한계를 넘어서면 일본 소도시로 여행을 떠났다. 최소한의 교통과 숙박, 편의 시설만 갖춰진 시골 마을에서는 특별한 무엇을 하지 않아도 위로가 됐다. 풍요로운 자연 속에서 느긋하게 며칠을 쉬나 보면 도쿄로 돌아갈 힘이 생겼다. 그리고 매번 이런 생각을 했다.

'이런 곳에서 딱 한 달만 살아 볼 수 있다면!'

그 바람이 현실로 이루어진 것이 지난여름이었다. 마침 남편의 해외 발령으로 함께 1년간 도쿄를 떠나게 되었고 회사도 그만두어야 했다. 이참에 한 달 일찍 직장을 정리하고 남은 기간을 한적한 일본 소도시에서 보내자는 생각이 들었다. 내가 선택한 장소는 일본 남서쪽 시코쿠四国 지방에 자리한 항구 도시 다카마쓰高松.

다카마쓰는 일본 43개 현県 중 가장 작은 가가와香川현의 현청県庁 ('현'은 우리나라의 '도'에, '현청'은 '도청'쯤에 해당한다) 소재지다. 또한, 가가와현의 정치, 경제, 문화의 중심 도시이자 교통의 요충지이기도 하다. 언젠가 일본의 모든 현에 가보는 것이 꿈인 나는 다카마쓰에서 한 달을 지내며 다카마쓰를 비롯한 가가와현의 여러 도시와 마을을 여행하기로 했다. 처음에는 일본에서 가장 작은 현이니, 한 달이면 전부 돌아볼 수 있지 않을까 하는 단순한 기대감 때문에 이 지역을 선택했다.

가가와현의 북동쪽에는 3,000여 개의 섬을 품은, 일본의 지중해라 불리는 세토내해瀬戸内海가 자리 잡고 있고, 남쪽에는 드넓

은 사누키 산맥이 펼쳐진다. 산과 바다 사이에 자리한 지리적 조
건과 일 년 내내 화창한 날씨 덕분에 해산물은 물론 과일과 채소
도 풍부하고, 다른 지역에 비해 개발이 늦어진 탓에 자연이 잘 보
존되어 있다. '우동현'이라고 불릴 만큼 수두룩한 우동집과 기업
가 후쿠타케 소이치로를 필두로 한 아트 프로젝트도 가가와현만
의 독특한 매력이다. 그러니까 천혜의 자연과 특색 있는 미식, 예
술이 조화롭게 생동하는 작지만 옹골진 지역인 셈이다.

　　나는 다카마쓰에 작은 원룸을 구하고, 오랫동안 꿈꾸던 소도
시의 로망을 실천에 옮겼다. 낮에는 바닷가와 산골 마을을 유유
자적 산책하며 그림 같은 풍경과 그 속에 있는 예술 작품을 실컷
감상했다. 오후에는 커피 향 진하게 풍기는 카페에서 책을 읽다
가, 배가 고프면 어디에나 있는 셀프 우동집에서 우동 한 그릇을
뚝딱 해치웠다. 저녁에는 여유로운 해변 공원에서 하염없이 노을
을 보고, 해가 지면 와자지껄한 선술집 혹은 숙소에서 홀로 술잔
을 기울였다. 돌아보니 그곳에서 먹고, 보고, 걸었던 행위 하나하
나가 내게는 최고의 치유였다.

직항 항공편으로 인천에서 한 시간 반이면 도착하는 다카마쓰는 대도시의 일상에서 벗어나 이국적인 정취까지 즐길 수 있는 최고의 피난처다. 이 책은 도시라는 병에 시달리는 현대인이 다카마쓰에서 누릴 수 있는 다양한 테라피therapy, 치유법를 담는다. 지역 문화가 집약된 미식美食으로 몸과 마음의 허기를 채우는 '푸드 테라피', 자유로운 예술혼이 담긴 작품을 만나며 감성을 채우는 '아트 테라피', 그리고 자연을 벗 삼아 하염없이 걸으며 내면을 정돈하는 '워킹 테라피'까지. 정형화된 관광 코스를 쓱 돌고 끝내기보다, 낯선 장소가 주는 신선한 자극을 통해 자신을 돌아보길 바라는 의미에서 '테라피'라는 단어를 썼다. 다만, 의학적으로 인정받은 치료법은 아니니, 어디론가 떠나기 힘들 정도로 아프다면 망설이지 말고 주변에 도움을 요청하길 바란다.

2018년 12월

이예은

목차

프롤로그   005

Part 1 푸드 테라피 : 마음을 채우는 음식

고향의 음식은 고향의 재료로
다카마쓰 우동보우 다카마쓰 본점   022

와산본을 만드는 달콤한 공간
다카마쓰 마메하나   034

에도 시대 농민의 소확행, 안모치조니
다카마쓰 부도노키   043

현지인의 소울 푸드 호네츠키도리
다카마쓰 · 마루가메 잇카쿠   050

커피와 책, 후르츠산도의 시간
다카마쓰 나가조라   060

섬에서 발견한 나만의 리틀 포레스트
오기지마 도리마노우에   069

Part 2 아트 테라피 : 소도시에 꽃핀 예술

동서양의 경계에 선 조각가, 자연을 품다
다카마쓰 이사무 노구치 정원 미술관   080

문단 대부의 따뜻한 인간애
다카마쓰 기쿠치 간 기념관   088

어린이를 위한 예술이라는 놀이터
마루가메 마루가메시 이노쿠마 겐이치로 현대미술관   097

일본화와 서양화의 푸르른 만남
사카이데 가가와현립 히가시야마 가이이 세토우치 미술관   106

지상보다 아름다운 땅속 미술관
나오시마 지추 미술관   114

캔버스를 채우는 여백의 의미
나오시마 이우환 미술관   122

예술의 집을 찾아가는 스탬프 랠리
나오시마 이에 프로젝트   128

살아 움직이는 물방울의 즉흥 예술
데시마 데시마 미술관   137

Part 3 워킹 테라피 : 자꾸만 걷고 싶은 길

옛 영주의 낙원을 걷다
다카마쓰 리쓰린공원   148

절을 지키는 너구리 수호신
다카마쓰 야시마지   160

빨간 등대와 나이 든 사진사의 추억
다카마쓰 세토시루베   168

바다의 신을 향한 1,368개의 계단
고토히라 고토히라궁   175

도시와 자연이 만나는 경계
만노 국영사누키만노공원   186

일본의 작은 그리스, 올리브 섬 산책
쇼도시마 올리브공원   196

일 년에 이틀만 건널 수 있는 행복의 다리
미토요 쓰시마신사   207

추천 여행 코스

추천 숙소   218

여행 팁   219

다카마쓰 1박 2일 코스   220

나오시마 당일치기 코스   232

고토히라 당일치기 코스   244

마루가메 당일치기 코스   252

에필로그   258

개정판에 덧붙여

메기지마: 아무것도 하지 않아도 좋을 나의 섬에서   264

사나기지마: 세상에서 가장 순수한 위로   274

두 번째 에필로그   284

① 우동보우 다카마쓰 본점
② 마메하나
③ 부도노키
④a 잇카쿠 다카마쓰점
④b 잇카쿠 마루가메 본점
⑤ 나카조라
⑥ 도리마노우에
⑦ 이사무 노구치 정원 미술관
⑧ 기쿠처 간 기념관
⑨ 마루가메시 이노쿠마 겐이치로 현대미술관
⑩ 가가와현립 히가시야마 가이이 세토우치 미술관
⑪ 지추 미술관
⑫ 이우환 미술관
⑬ 이에 프로젝트
⑭ 데시마 미술관
⑮ 리쓰린공원
⑯ 야시마지
⑰ 세토시루베
⑱ 고토히라궁
⑲ 국영사누키만노공원
⑳ 올리브공원
㉑ 쓰시마신사

일러두기

1. 일본어 고유명사 및 상호는 국립국어원의 외래어 표기법을 따랐습니다. 단, 이미 널리 쓰이고 있는 한글 표기가 있을 경우 그대로 사용했으며 (예: 호네츠키도리, 쿠사마 야요이), 독자의 여행 회화를 돕고자 한 표현은 현지 발음에 가깝게 표기했습니다. (예 : 키츠엔세키, 쟈므)

2. 본문에서 책은 『 』, 잡지와 기사 제목은 「 」, TV 방송/영화/만화/공연은 《 》, 음악과 미술은 〈 〉로 묶어 표기했습니다.

3. 여행에 관한 모든 정보는 2024년 5월 기준이며 현지 상황에 따라 변경될 수 있습니다. 따로 명시되어 있지 않더라도 시설 정기 휴무일이 일본 공휴일과 겹치는 경우 다음 날을 휴일로 하는 것이 일반적입니다.

Part 1

푸드 테라피 : 마음을 채우는 음식

우리가 섭취하는 음식은 대부분 자연에서 온다. 먹는 행위란 하늘과 땅, 바다에서 숨 쉬던 생명을 빼앗아 나의 삶을 유지하는 일이다. 생명의 순환인 셈이다. 그러나 도시에 살다 보면, 자연이 키운 동식물이 어떤 과정을 거쳐 식탁에 오르는지 생각해 볼 기회가 드물다. '먹방'과 '쿡방'이 미디어를 점령한 지 오래이지만, 거기에 들어간 재료를 심고, 기르고, 수확하는 과정은 모른다.

하지만 가가와현에서 만난 사람들은 달랐다. 고향에서 난 식자재를 고집하고, 단순하게 조리하여 본연의 맛을 즐길 줄 알았다. 그렇게 태어난 요리는 오랫동안 몸의 양분이자 마음의 위로가 되는 법이다. 첫 번째 푸드 테라피에서는 가가와현을 여행하면서 쉽게 발견할 수 있는 여섯 가지 치유의 맛을 소개한다.

고향의 음식은 고향의 재료로

다카마쓰

우동보우 다카마쓰 본점

　가가와현 사람들의 우동 사랑은 참 별나다. 우동의 본고장인 가가와현에는 약 500개의 우동 집이 있는데, 이 숫자는 가가와현에 있는 편의점 수보다 많다. 그뿐이 아니다. 면 반죽하는 법을 가르치는 우동 학교와 우동집을 탐방하는 우동 택시는 기본이고, 우동 국물이 나오는 수도꼭지, 애완견도 먹을 수 있는 우동, 뇌가 우동으로 된 캐릭터 등 때로는 기발하고 때로는 기괴한 우동에 대한 모든 것이 있다. '우동현'이라는 애칭이 무색하지 않다.

　이처럼 특색 있는 문화는 영화나 책의 소재로 쓰기도 좋다.

2006년 개봉한 영화 《우동》은 가가와현의 우동 신드롬을 주제로 하며, TV 애니메이션으로도 방영된 만화 《우동 나라의 황금색 털뭉치》 역시 고향으로 돌아온 우동집 아들의 추억담을 그린다.

가가와현의 중심지인 다카마쓰를 배경으로 한 무라카미 하루키 소설 『해변의 카프카』에서도 우동을 먹는 장면이 두 번이나 나온다. 또한, 가가와현으로 우동 순례를 다녀온 작가는 『하루키의 여행법』이라는 책에서 '우동이라는 음식에는 뭐랄까, 인간의 지적 욕망을 마모시키는 요소가 들어있는 것 같다'라는 명언을 남기기도 했다. 그만큼 원초적인 쾌감에 무아지경이 되기 쉽다는 뜻일 것이다.

현지인에게 "정말 매일같이 우동을 먹나요?"라고 물으면 하나같이 "그럼요. 오늘도 먹었는걸요!"라는 대답이 돌아왔다. 빈말이 아니다. 우동을 먹는 방법은 무수히 많으니까. 우리가 쌀밥에 여러 가지 반찬을 곁들여 먹듯이, 이곳 사람은 국물 있는 우동, 비빔 우동, 고기 우동, 튀김 우동, 미역 우동, 카레 우동 등 그때그때 원하는 방식으로 면을 소비하고 있었다.

가가와현의 주식인 우동의 역사는 9세기로 거슬러 올라간다. 헤이안 시대794~1185에 당나라로 불교 유학을 다녀온 승려 '고보 대사'가 밀을 제분해 국수 만드는 법을 배워와 전파했다는 설이 가장 유력하다. 예로부터 가가와현이 따뜻하고 강수량이 적어 쌀 보다는 밀 재배가 쉬운 탓도 있었다. 가장 오래된 자료는 겐로쿠 시대1688~1704에 그려진 병풍 '금비라제례도金毘羅祭礼図'인데, 고토 히라궁에서 제사를 올리는 풍경에 우동 집이 세 군데나 들어 있 다. 적어도 300년 전부터 우동을 즐겨 먹었다는 이야기다.

우동의 가장 큰 매력은 단순함이다. 면의 재료는 밀가루와 물, 소금이 전부다. 멸치와 말린 생선, 간장 등으로 맛을 낸 육수 나 다양한 토핑을 곁들이기도 하지만, 중심은 결국 면이다. 특히 가가와의 옛 지명 '사누키讚岐'를 붙인 '사누키 우동'의 면은 두께 가 두툼하고, 표면은 살아 있는 오징어처럼 매끈하며, 속은 탄력 이 넘친다. 후루룩 삼켰을 때 찰랑거리며 내려가는 목 넘김이 예 술이다. 아무리 맛있는 고명을 올려도 면이 어설프면 형편없는 우동이 되고, 반대로 면이 맛있으면 간장에만 찍어 먹어도 훌륭한 우동으로 친다. 현란한 테크닉도, 별다른 양념도 없이 흰 면만 덩그러니 올라간 우동 한 그릇은 무엇이든 화려하고 자극적인 것을 추구하는 현대 사회에 본질의 중요성을 다시금 일깨워 준다.

이처럼 중요한 우동 면을 빚는 밀가루가 대부분 호주산이라는 사실은 무척 의외다. 물론 예전에는 지역산 밀을 사용했지만, 우동 생산에 적합하도록 개량된 호주산 ASW Australian Standard White Wheat 밀가루가 등장하면서 1970년대에 일본을 장악해버렸다. 면을 뽑았을 때 색이나 광택, 식감이 뛰어날 뿐 아니라 생산도 안정적이고 값도 저렴하니 어쩌면 당연한 일이었을지도 모르겠다.

하지만 다행히 고향의 대표 요리를 만드는데 수입품에만 의존해선 안된다는 목소리가 끊이지 않았다. 그리하여 가가와현에서는 1991년부터 전문가와 협력해 자체적으로 밀가루를 개발하기 시작했고 9년 뒤, ASW보다 우수한 밀가루를 개발하는 데 성공한다. 밀가루 이름은 '사누키의 꿈'을 뜻하는 '사누키노유메讚岐の夢'. 가가와현의 상징인 우동을 지역에서 직접 재배한 밀가루로 만들겠다는 자급자족의 정신을 드러낸다.

그러나 사누키노유메는 ASW에 비해 비싸고 생산량이 적으며, 반죽하는 과정도 까다롭다는 단점이 있다. 더군다나 일반 사람은 그 미묘한 맛의 차이를 구별하기 어렵다. 이렇다 보니 사누키노유메로만 면을 빚는 곳은 전국에서도 열 곳 남짓하다. 그런 뚝심 있는 가게는 과연 어떤 곳일지 알고 싶어져 '우동보우 다카마쓰 본점'을 찾았다. 다카마쓰 시내 중심가에 자리한 가게에 들어가니 벽에 걸린 인증서가 눈에 띄었다.

이 가게를 가가와현산 밀가루 '사누키노유메'를 사용하여 우동의 보급과 소비 확대에 이바지하는 '사누키노유메를 고집하는 가게'로 인증합니다

주인인 소고 씨가 1982년에 문을 연 우동보우는 자리에 앉아 주문하면 종업원이 요리를 가져다주는 '풀 서비스' 형태다. 면은 주문을 받은 후에 삶기 때문에 10분쯤 기다려야 한다. 가게 이름인 '우동 보우'는 반죽을 밀 때 쓰는 '우동 봉'의 일본어로, 한 그릇의 우동도 정직하게 최선을 다해 만들겠다는 마음을 나타낸다. 의자 8개짜리인 작은 가게에서 출발했지만, 지금은 60석 규모의

가게로 발전했다. 게다가 오사카 중심가인 우메다에는 아들이 운영하는 '우동보우 오사카 본점'도 있다. 오사카에서 일식을 배우고, 아버지 밑에서 수련한 뒤 자신만의 가게를 연 아들은 외모까지 준수해 '우동계의 귀공자'라고도 불린단다. 가게 정 중앙에는 오사카 직원들과 함께 찍은 단체 사진이 자랑스럽게 걸려 있다.

나는 자루우동이 맛있다는 현지인의 추천을 받아 우동보우를 찾았다. 판에 올린 차가운 면을 간장 소스에 찍어 먹는 자루우동은 탱글탱글한 면발을 고스란히 느낄 수 있는 메뉴다. 냉기를 머금은 면은 눈부실 정도로 희며, 씹으면 특유의 밀가루 향을 퍼뜨리며 요동치다, 물결처럼 넘실거리며 목구멍으로 내려간다. 고추냉이와 메추리 알, 쪽파를 넣은 간장 소스에 듬뿍 찍어 단숨에 빨아들이면, 부드러우면서도 알싸한 감칠맛이 입안을 휘감고, 입가에는 미소가 번진다.

끓는 기름에서 막 건져낸 튀김도 일품이다. 세토내해산 문어 튀김과 함께 나오는 '다코텐우동たこ天うどん'이나 각종 해산물과 채소튀김을 올린 냉우동 '히야텐우동冷天うどん'은 자연스럽게 생맥주

우동보우 다카마쓰 본점 앞에는 늘
손님이 세워둔 자전거가 늘어서 있다

가게 벽면에는 손 글씨와 사진, 메뉴가
가득 붙어 있다

를 부른다. 우동 한 젓가락에 튀김 한 입, 튀김 한 입에 맥주 한 모금을 더하다 보면 어느새 눈앞에는 빈 그릇과 빈 잔만 남는다.

맛과 친절한 서비스는 물론, 소란스럽지 않은 분위기 덕분에 우동보우는 내가 다카마쓰에서 지내는 동안 가장 자주 찾는 우동집이 됐다. 근처 상점가에서 일하는 상인이나 일터를 나온 회사원, 교복을 입은 학생이 주 손님이었다. 지난 수십 년간 얼마나 많은 동네 사람이 이곳에서 소고 씨가 만든 우동 한 그릇을 먹으며 하루의 피로를 씻었을까. 이렇게 삶과 가장 밀접한 자리에서 전통을 지키는 가게가 있었기에 오늘날 세계적으로 인정받는 '우동현'이 존재하는 것이리라. 지금 이 순간에도 사누키노유메로 빚은 반죽을 우직하게 밀고 있을 소고 씨를 생각하면, 왠지 모를 안도감이 든다.

단순함의 미덕을 가장 잘 보여주는 자루우동은
소고 씨가 가장 자신 있게 추천하는 메뉴다

시원한 국물에 형형색색의 튀김을 적셔 먹는 히야텐우동은
여름에 특히 인기가 많다

우동보우 다카마쓰 본점 うどん棒高松本店

주　　소　　香川県高松市亀井町8-19

가 는 법　　고토덴 가와라마치역에서 도보 5분

전화번호　　087-831-3204

여행 팁

다카마쓰에서는 드물게 저녁에도 문을 여는 우동 집이므로 낮에는 관광을
즐기고, 저녁에 상점가에서 쇼핑을 즐기다가 출출 해질 때 이용하기 좋다.
셀프 우동집에 비하면 조금 비싼 편이고, 신용 카드는 사용할 수 없다.
우동만 먹는다면 천 엔짜리 한 장이면 충분하다.

와산본을 만드는 달콤한 공간

다카마쓰

마메하나

모든 달콤한 것에는 모순된 이면이 있다. 소중한 꿈일수록 좌절되었을 때 날카로운 비수가 되고, 내가 사랑하는 사람이야말로 나를 깊이 상처 입힌다. 투명하게 빛나는 다이아몬드에는 억울하게 착취당한 아프리카인의 피가 묻어 있을지도 모르며, 달콤함 그 자체인 설탕 역시 무더운 사탕수수밭에서 누군가가 흘린 땀을 담보로 한다.

설탕은 생각보다 만들기 어려운 감미료다. 먼저 사람 키의 두 배를 훌쩍 넘는 사탕수수를 베고, 줄기만 분리해서 으깬 뒤 압착시켜 즙을 짠다. 여기에는 먼지나 박테리아와 같은 불순물이 섞여 있으므로, 끓이다가 석회나 달걀흰자를 넣어 응고시켜 가라앉힌다. 맑은 윗물만 끓이다 보면 설탕이 결정을 이루면서 결정과 시럽이 혼합된 백하가 된다. 백하를 그대로 굳히면 천연 흑설탕이 되고, 흰 설탕을 만들려면 백하의 결정만 분리해서 다시 씻고 녹여 숯으로 탈색시켜야 한다. 색이 빠지고 나면 용액을 한 번 더 농축해서 굳어진 결정을 분리해야 마침내 새하얀 설탕이 완성된다. 오늘날과 같은 과학기술도 없었던 중세 시대에 이처럼 복잡한 제조 과정을 알아내고, 일일이 사람 손으로 실행에 옮겼을 노고를 생각하면 그저 경이로울 따름이다.

기록에 따르면 일본은 825년 중국에서 처음 설탕을 들여왔으며 가마쿠라 시대1185~1333 때부터 설탕 수입이 활발해졌다. 1623년에는 독립 왕국이었던 오키나와에서 처음 흑설탕을 만들기 시작했는데, 그때까지도 설탕은 금과 은, 구리를 주고 수입하는 사치품이었다. 그러던 1715년, 외국으로 값비싼 재화가 더 유출되는 것을 막기 위해 일본에서도 따뜻한 서남부 지방을 중심으로 사탕수수 재배를 장려하기 시작했다. 여러 경쟁 지역 중 당시 흑설탕보다 훨씬 귀하게 치던 흰 설탕을 처음 만들어 낸 곳이 바로 지금의 가가와현인 사누키다.

그 주역은 스승에 이어 2대째 설탕 연구를 계속한 의사 사키야마 슈케이. 어느 날 순례 길에 쓰러져 있는 남자를 발견하고 치료해 준 일이 결정적인 역할을 했다. 순례객은 가가와현보다 먼저 흑설탕 생산에 성공한 가고시마 아마미오시마 섬 출신이었는데, 생명의 은인에게 고향에 있는 사탕수수 모종이 필요한 것을 알고 몰래 가져다준 것이다. 우여곡절 끝에 만들어진 사누키 산 흰 설탕은 통에 넣어 세 번 이상 곱게 간다고 해서 '와산본和三盆'이라고 불리며 1798년 오사카 중앙도매시장에 화려하게 데뷔했다.

와산본은 죽당이라는 품종의 사탕수수를 사용하며, 당분 외에도 사탕수수의 여러 영양소를 함유하여 맛이 풍부하고, 입자는 마치 밀가루처럼 곱고 부드럽다. 이 설탕을 예쁜 틀에 넣어 사탕처럼 굳힌 것도 똑같이 와산본이라고 부르는데, 우동과 함께 가가와현을 대표하는 음식 중 하나다. 작고 앙증맞은 모양새를 자랑하는 와산본은 입에서 톡 깨트리면 눈처럼 녹으며 오묘한 풍미를 선사한다. 쌉쓰름한 커피나 차와 함께라면 더욱 환상적이다.

화과자 와산본에서 원재료인 설탕 다음으로 중요한 것은 모양을 좌우하는 나무틀이다. 2009년에 문을 연 와산본 체험 교실 마메하나는 화과자용 나무틀을 만드는 목수 이치하라 씨의 딸이 운영해서 더욱 특별하다. 이치하라 씨는 일본 후생 노동 대신(한국의 장관에 해당)이 표창하는 '현대의 명공'에도 선정되었을 만큼 유명한 화과자 틀 장인이다. 딸인 우에하라 씨는 아버지가 만드는 나무틀을 사용해 일본인뿐 아니라 전 세계 관광객에게 고향의 문화를 알리는 일을 한다.

예약을 위해 이메일 주소로 이름과 연락처, 희망 날짜와 시간을 보내고 다음 날 확인 메일을 받았다. 시간에 맞춰 도착한 작업실은 거칠게 페인트를 칠한 흰 벽에 나무틀과 조각 도구를 군데군데 붙여 놓은 역동적인 공간이었다. 현대 미술가 다쿠야 가미케가 디자인했다는 이곳은 당장 무엇이라도 만들고 싶어지는 에너지로 넘쳤다.

체험 과정은 이렇다. 우선 손을 씻고 책상에 앉아 만들고 싶은 와산본의 색을 고른다. 시원한 하늘색을 선택하니, 우에하라 씨가 그릇에 담긴 고운 와산본에 파란 식용 색소를 분무기로 뿌려 준다. 그다음 수분을 살짝 가미한 와산본을 손으로 재빨리 뒤섞은 뒤 채에 한 번 고르고, 원하는 모양의 나무틀에 꾹꾹 눌러 담아 부서지지 않도록 톡톡 떼어 내면 끝이다. 체험을 마치고 나면 녹차와 함께 직접 만든 와산본을 맛볼 수도 있다. 완성된 직후의 와산본은 이로 깨뜨릴 필요도 없이 혀에 닿자마자 달콤한 향만 남기고는 사르르 자취를 감춘다. 남은 것은 종이 상자에 담아 포장해 주는데, 시간이 지날수록 시판 상품처럼 딱딱해지고, 1년까지 보관할 수 있다고 한다.

우에하라 씨가 타 준 따뜻한 차와 함께 내 손으로 만든 와산본을 음미하며, 마메하나를 시작한 계기를 물어보았다. 아버지가 목수였지만, 어릴 때는 관심이 없어 아무 관련 없는 휴대폰 회사나 시양식 제과점, 나오시마에 있는 미술관에서 일했다고 한다. 뒤늦게 나무틀과 일본 전통 과자의 매력을 깨닫고 체험 교실을 열었는데, 이제야 제자리를 찾은 것 같다고 미소 짓는다. 다양한 업종을 경험하고 비로소 좋아하는 일을 찾아 전통문화를 잇는 모습을 보며, 내 삶에도 얼마나 많은 꿈이 생겨났다가 소멸했는지

하얀 페인트를 칠한 벽 위에 차분한 색깔의 나무틀을
덧붙인 이색적인 인테리어

하늘색과 어울리는 과일과 꽃, 조개 모양을 골라
나만의 와산본을 만들었다

를 생각했다. 만화가처럼 순수한 꿈도 있었고, 의사나 변호사처럼 누군가에게 보이고자 했던 꿈도 있었다. 작가나 번역가의 꿈은 근처에라도 가볼 수는 있었지만, 이렇다 할 성과를 내지 못한 채 서른 살을 맞았다. 진로 고민과 방황만으로 점철된 지금까지의 인생은 우에하라 씨의 과거와 크게 다르지 않았다.

어쩌면 꿈을 찾아가는 일은 기다란 사탕수수에서 희고 고운 설탕을 얻는 과정과 닮았는지도 모르겠다. 주변의 시선을 의식하려는 마음의 불순물을 걷어 내고 지금껏 쌓아 온 모든 경험을 농축, 진정으로 원하는 분야의 기술을 연마해야 한다. 그런 노력에도 불구하고 인생이 늘 와산본처럼 달콤하지만은 않겠지만, 포기할 수도 없는 여정이다. 내가 방문한 다음 해에 마메하나가 10주년이 된다며 들뜬 표정을 짓는 우에하라 씨를 보면서, 저토록 빛날 수 있는 나의 자리를 하루빨리 찾고 싶다는 생각이 들었다.

와산본 체험에 사용하는 나무틀을 들고 환하게 웃는
우에하라 씨

마메하나 豆花

주　　소	香川県高松市花園町1-9-13
가 는 법	고도덴 하나조노역에서 도보 5분 혹은 JR고토쿠선
	리쓰린역에서 도보 10분
문　　의	www.mamehana-kasikigata.com

여행 팁

체험은 일본어 또는 영어로 신청할 수 있다. 만드는 법이 간단하므로
언어가 능숙하지 않아도 걱정할 필요가 없다.

와산본뿐 아니라 '네리키리練り切り'라는 화과자 만들기도 체험할 수
있다.

에도 시대 농민의 소확행, 안모치조니

다카마쓰

부도노키

때는 에도 시대1603~1868 말기인 19세기 초 가가와현. '사누
키국'이라고 불리는 이곳에서는 '사누키 삼백讃岐三白'으로 불리는
소금과 목화, 설탕 제조가 활발하다. 그중에서도 특히 흰 설탕인
와산본은 인기도 가장 많고 값도 비싸 관리가 엄격하다. 그러나
삼엄한 감시 속에서도 호시탐탐 그 달콤한 맛을 노리는 한 농민이
있었으니, 편의를 위해 가가와현에서 가장 흔한 성씨인 '오니시'
씨라 부르기로 하자.

설탕 농장에서 일하는 오니시 씨는 사탕수수즙에서 나는 달짝지근한 냄새를 매일같이 맡으며 한 번쯤 입에 넣어보고픈 유혹에 시달린다. 지금으로 치면 세계 3대 진미 중 하나인 캐비아만큼 귀한 음식을 자기 손으로 만드는데, 맛보고 싶은 것은 당연한 일. 당시 사누키에서는 1월 1일이 되면 된장국에 둥근 떡을 넣어 먹는 풍습이 있었는데, 오니시 씨는 어느 날 이 떡을 빚는 아내를 보고 묘안을 떠올린다.

가공하기 전 사탕수수 시럽을 고물에 섞어 떡으로 감싸면 어떨까?

시럽은 완성된 설탕에 비해 감시도 덜하니, 떡에 감춰서 된장국에 넣어 버리면 감쪽같을 것이다. 게다가 구수한 된장국에 달콤한 떡이 들어 있으리라고는 쉽게 상상하지 못할 테니……. 용의주도한 오니시 씨는 검사에 대비해 소금 떡을 넣은 위장용 된장국도 따로 준비해 둔다. 이때부터 일 년에 딱 한 번, 오니시 씨 가족은 1월 1일에 호화로운 특식을 먹으며 고된 삶을 위로한다.

일반적으로 전해지는 이야기를 각색했지만, 가가와현의 독특한 명절 요리인 찹쌀떡 된장국 '안모치조니あんもち雑煮'가 탄생한 계기는 이와 비슷하다. 안모치조니에는 된장에 쌀을 섞어 발효시키는 흰 된장 '시로미소白味噌'를 사용하는데, 강수량이 적은 가가와현에서는 쌀이 잘 나지 않기 때문에 설탕 못지않은 고급 식품이었다. 국에 들어가는 떡과 야채는 모양이 모두 둥글어야 하는데, '새해에도 만사가 원만하게 굴러가라'는 의미를 지닌다. 정말 오니시 씨가 농장 주인의 눈을 피해 떡 안에 사탕수수 시럽을 숨겼는지 정확히는 알 수 없다. 그러나 평소에 엄두조차 못 내는 귀한 재료를 명절에라도 가족과 마음껏 나누고 싶었던 서민의 애환에서 비롯된 것은 분명해 보인다.

내가 안모치조니를 우연히 맛보게 된 것은 다카마쓰에 있는 전통찻집 '부도노키ぶどうの木'에서였다. 원래 가려던 식당이 영업 전이라 근처에서 시간이나 보낼 겸 들어갔는데, 벽에 '사누키의 안모치조니'라고 쓰인 포스터가 눈에 들어왔다. 사진만 보고 덜컥 주문했더니, 밥공기만 한 그릇에 담긴 된장국과 따뜻한 차, 콩 조림이 함께 나왔다. 손으로 그릇째 들고 국물을 한 모금 마셨

다. 무의 시원한 향과 된장의 구수하고 짭짤한 맛이 은은하게 입 안을 감싼다. 안에 흰 알맹이가 보여 젓가락으로 눌러보니 큼직하고 말랑말랑한 떡이다. 처음에는 새알심 비슷한 반죽 덩어리인 줄 알았는데, 먹어 보니 안에 팥고물이 들어 있다. 찹쌀떡이다. 흰 부분은 물에 분 끈적끈적한 찹쌀 수제비와 비슷해서 포만감을 주고, 달콤한 팥소는 짭조름한 국물과 의외로 잘 어울린다. 익숙한 재료들의 새로운 조합이 흥미로워, 숙소로 돌아와 레시피를 찾아봤다.

안모치조니 1인분을 만드는 법은 이렇다. 재료는 단팥으로 속을 채운 찹쌀떡 하나에 시로미소 20g, 멸치육수 한 컵, 그리고 3~5cm 두께로 썬 당근과 무 한두 조각이 필요하다. 썰어 놓은 당근과 무의 둘레를 둥글게 다듬어 멸치육수와 함께 끓이고, 야채가 물러질 때쯤 떡을 넣고 삶는다. 떡이 부드러워졌다 싶을 때, 시로미소를 잘 풀어서 섞으면 끝. 여기에 두부와 김 가루를 올린다면 더욱 풍성한 안모치조니가 완성된다. 특별한 요리 실력이 없어도 10분이면 만들 수 있는 간단한 별미다.

정갈한 안모치조니 한 상 차림
겉에서만 보면 떡이 들었다는 사실을 도무지 알 길이 없다

모르고 보면 그저 낯설고 기이한 음식일 수 있지만, 그 안에 담긴 옛사람들의 마음을 알고 나면 정감이 간다. 힘겨운 노동의 굴레 속에서도 특별한 요리 한 그릇에 살아갈 힘을 얻었던 모습은 지금과 크게 다르지 않다. 신분 제도가 남아 있던 시대에 거창한 인생 역전보다는 그저 새로운 한 해도 별 탈 없이 지나가기를 바라며 귀한 재료로 끓였을 안모치조니는 그 시절의 '소소하지만 확실한 행복'이었을 것이다.

자신의 태생을 수저의 색으로 나누며 자조하는 현대 사회에도 사람들은 갖고 싶었던 립스틱이나 입맛에 꼭 맞는 케이크 한 조각, 혹은 어렵게 휴가를 얻어 떠나는 짧은 여행에서 위안을 찾는다. 몇백 년이 지난 후에도 명맥을 이어가는 안모치조니처럼 변하지 않는 위로의 방식이다. 남에게 보이기 위한 사치가 아니라 신심으로 '내게 주는 작은 선물'이라면, 그것이야말로 인생의 행복 지수를 높이는 지혜가 아닐까.

부도노키 ぶどうの木

주　　소　香川県高松市百間町2-1
가 는 법　고토덴 가타하라마치역에서 도보 3분
문　　의　087-822-2042

여행 팁

안모치조니와 함께 나오는 콩조림 '쇼유마메醬油豆'는 볶은 누에콩을 간장과
설탕에 재운 가가와현의 향토 요리다. 껍질째 씹으면 톡 하고 부서지는
식감과 고소하고 달콤한 맛이 특징이다.
원래 가려던 식당은 '자루우동의 종갓집'으로도 불리는 우동 전문점
가와후쿠川副이며, 부도노키에서 도보 1분 거리에 있다.

현지인의 소울 푸드 호네츠키도리

다카마쓰 · 마루가메
잇카쿠

내 삶의 모든 단계에는 그 시절 사랑했던 치킨이 늘 함께였다. 어린 시절 동네 치킨집에 전화를 걸어 '반반 한 마리요'라고 외치면 한 상자에 양념치킨과 프라이드치킨이 나란히 담겨 배달되곤 했다. 초등학교에 들어갈 때쯤에는 바삭한 간장 치킨이 내 입맛을 사로잡았다. 항상 찜닭을 사주시던 외할머니께 앞으로 교촌치킨을 주문해달라고 당돌하게 요구한 적도 있었다. 날개와 다리에 붙은 오도독뼈까지 야무지게 씹어먹던 어린 손녀의 모습을 외할머니께서는 20년이 지난 지금도 생생히 추억하신다.

치킨은 내 연애 이력과도 뗄 수 없는 존재다. 대학교 여름 방학 때 만났던 어느 복학생과는 한 달 동안 치킨 쿠폰 열 장을 모아 개학하기 전 무료 치킨까지 먹고 헤어졌다. 가장 오래 사귀었던 연인과 이별하던 날에 혼자 치킨 한 마리를 뜯은 것은 물론이고, 남편과 결혼하기 전에도 데이트할 때마다 치킨을 먹은 탓에 둘 다 10kg 가까이 찐 채 예식장에 들어갔다. 지금도 우리 부부는 금요일 저녁마다 치킨에 맥주 한두 캔을 곁들이며 주말을 맞이하곤 한다.

그래서 나는 치킨 또는 '치맥'을 소울 푸드라고 곧잘 얘기한다. 해외여행을 가도 닭고기는 실패하지 않는다는 생각에 꼭 한 번씩 먹게 된다. 힌두교는 소를 신성시해서, 또 이슬람교는 돼지를 불결히 여겨서 도축을 금지하지만, 닭고기만 콕 집어 먹지 말라는 종교는 들어보지 못했다. 그만큼 어디서나 쉽게 찾을 수 있고 가격도 저렴하니 고마운 존재가 아닐 수 없다.

일본에서는 치킨 하면 '가라아게唐揚げ'가 가장 일반적이다. 뼈를 발라낸 살코기를 한 입 크기로 잘라 간장으로 양념한 뒤, 반죽

을 얇게 입혀 튀겨 낸다. 가라아게에는 고유의 풍미가 있긴 하지만, 닭고기를 뼈 채 들고 육질을 결 따라 찢어 먹는 즐거움은 없다. 그래서인지 일본인도 가가와현에 오면 '호네츠키도리骨付鳥'를 꼭 먹는다. '뼈가 붙어 있는 닭'이라는 이름 뜻 그대로 두툼한 닭 넓적다리를 오븐에 통째로 구워 손으로 들고 먹는다. 마늘, 간장, 소금, 후추로 맛을 내어 우리 입맛에도 잘 맞다.

호네츠키도리가 시작된 곳은 '잇카쿠'라고 불리는 마루가메의 평범한 식당이었다. 전쟁이 끝나고 미국 문화가 물밀듯 밀려들던 1953년, 오코노미야키와 오뎅을 팔던 곤도 씨 부부가 어느 할리우드 영화에서 여배우가 닭고기를 뼈째 들고 먹는 장면을 보게 된다. 순종적인 여성상이 지배적이던 시절, 치킨을 거침없이 물어뜯는 외국 여성의 호탕함이 인상 깊었는지 부부는 비슷한 요리를 만들어 팔아보기로 한다. 일본에서 자주 쓰이는 양념을 배합하여 오랜 시행착오 끝에 탄생시킨 호네츠키도리는 입소문을 타고 가가와 전역으로 뻗어 나간다. 특히 크리스마스이브 파티 메뉴로 인기를 끌어, 지금도 마루가메에서는 호네츠키도리 없는 연말은 상상조차 할 수 없다. 좌석 7개 규모의 가게는 어느새 세련된 인테리어의 2층짜리 식당으로 발전했고, 마루가메뿐 아니라 다카마쓰, 오사카, 요코하마에까지 진출했다.

나는 다카마쓰에 간 지 3일째 되던 날 숙소 근처인 잇카쿠 다카마쓰점에서 저녁을 먹었다. 대표 메뉴는 당연히 호네츠키도리. 호네츠키도리는 턱이 아플 정도로 질기지만 씹을수록 농축된 풍미가 느껴지는 노계 '오야도리'와 연하고 육즙이 줄줄 흐르는 영계 '히나도리' 두 종류로 나뉜다. 나는 가격이 조금 더 저렴한 히나도리를 주문했다. 고기는 섭씨 300도 오븐에서 구워 바로 나오므로, 껍질은 바싹하게 구워지고 속은 촉촉함이 유지된다. 익으면서 나온 고소한 기름은 뜨거운 그릇에 담겨 나오는데, 함께 나오는 아삭한 양배추를 찍어 먹어도 좋고, 주먹밥이나 볶음밥을 시켜 섞어 먹기도 한다. 한 입 베어 물자마자 입안을 가득 적시는 육즙과 알싸하게 풍기는 후추 향에 눈이 번쩍 뜨였다. 하지만 강렬한 첫 느낌과는 달리 먹다 보니 워낙 크고 기름진 탓에 조금 느끼했고 지나치게 짜다는 인상을 지울 수 없었다. 그 덕분에 맥주를 주문할 핑계가 생기긴 했지만.

첫 손님으로 들어갔던 가게 내부는 금세 현지인과 관광객으로
가득 찼다

뜨거운 육즙이 흐르는 닭고기와 신선한 양배추에
청량한 맥주를 곁들인 만족스러운 식사였다

반세기 전 80엔에 불과했다는 호네츠키도리 한 접시의 가격은 어느새 물가 상승과 함께 천 엔을 넘겨버렸다. 단돈 300엔이면 우동 한 그릇을 배불리 먹는 가가와현의 물가를 생각하면 결코 저렴하지 않다. 하지만 다카마쓰나 마루가메에 있는 이자카야에 들어가면 어디서나 제대로 된 호네츠키도리를 즐길 수 있고, 그중 원조로 유명한 잇카쿠 입구는 매일 밤 대기 행렬이 늘어선다. 소울 푸드의 힘이다.

소설가 김훈은 산문집 『라면을 끓이며』에서 '맛은 화학적 실체라기보다는 정서적 현상이다'라고 표현했다. 정말 그렇다. 오랜만에 먹는 엄마 밥처럼 보기만 해도 배부른 밥상도 있지만, 차갑게 식은 편의점 도시락처럼 먹을수록 허기지는 음식도 있다. 어린 시절 매운 음식을 전혀 먹지 못했던 나는 아무리 외국에서 오래 살아도 빨간 라면 봉지가 그리운 줄 모른다. 반면, 알루미늄 포일에 포장된 치킨은 유년 시절에 받은 사랑과 서툴렀던 청춘의 기억이 고스란히 배어 있어 한인타운을 수소문해 먹곤 한다.

처음 잇카쿠에 갔던 날, 반쯤 먹은 호네츠키도리를 들고 '역시 치킨은 한국 치킨이지'라고 시큰둥하게 되뇌다 문득 주위를 둘러보았다. 앞 테이블에 앉은 젊은 샐러리맨은 고개를 푹 숙인 채 닭 다리를 뜯으며 홀로 퇴근 후 정찬을 즐기고 있었다. 또 다른 테이블에서는 엄마와 온 듯한 어린 여자아이가 어른도 씹기 힘든 오야도리를 온 힘을 다해 뜯고 있었다. 그 한 접시로 위로받고 기쁨을 느낀 기억은 훗날 정서적인 감미료가 되어줄 것이다. 세상의 모든 영혼의 양식은 그렇게 태어나니까.

고단한 여행 후 즐기는 한 잔의 생맥주와 호네츠키도리는
다카마쓰에서의 하루를 마무리하는 가장 완벽한 방법이 아닐까

잇카쿠 다카마쓰 점

주　　소　香川県高松市鍛冶屋町4-11

가 는 법　고토덴 고토히라선 가와라마치역에서 도보 10분 또는 JR다카
　　　　　마쓰역에서 도보 15분

전화번호　087-823-3711

홈페이지　www.ikkaku.co.jp/takamatsu/menu.html

잇카쿠 마루가메 본점

주　　소　香川県丸亀市浜町317

가 는 법　JR 마루가메역 북쪽 출구에서 도보 1분

전화번호　0877-22-9111

홈페이지　www.ikkaku.co.jp/honten/menu.html

여행 팁

더욱 푸짐한 식사를 즐기고 싶다면 호네츠키도리에 일본식 주먹밥인 무스
비むすび를 추가하거나 처음부터 호네츠키도리와 닭고기 덮밥이 함께
나오는 도리메시세트とりめしセット를 주문하는 편이 좋다. 실내에 자리가
없다면 포장해서 숙소에서 즐길 수도 있다.

커피와 책, 후르츠산도의 시간

다카마쓰

나카조라

맛집이나 카페를 꽤 좋아하는 내게 단골 가게가 별로 없는 데는 조금 특이한 이유가 있다. 우선은 사는 곳을 자주 옮기는 탓이고, 결정적으로는 누군가가 나를 알아보는 일이 낯부끄럽기 때문이다. 사실 위치가 가깝고, 분위기와 맛이 좋은 데다가 가격까지 합리적이면 거듭 방문하기 마련이다. 두 번, 세 번 연이어 가다 보면 어느 순간 눈썰미 좋은 직원이 낯익다는 얼굴로 반기는데, 그러면 그다음부터 좀처럼 발걸음이 향하지 않는다. 모르는 사이에 맺어진 관계는 아무리 얕은 것이라도 나를 당황하게 해서, 마음에 드는 가게를 바로 앞에 두고도 괜히 멀찍이 돌아가게 되는 것이다.

그러다 보니 단골 카페라고 부를 만한 곳은 대부분 공장에서 찍어낸 듯한 넓은 프랜차이즈 일색이다. 요일별로 다른 직원이 출근하고, 규모는 3층쯤 돼야 마음이 놓인다. 그런 공간은 아무리 드나들어도 영원한 타인으로 남을 수 있기 때문이다. 퇴사 후 유학을 준비할 때는 광화문역 엔제리너스가, 도쿄에서 대학원에 다닐 때는 다카다노바바역 스타벅스가 그런 장소였다.

이런 내가 다카마쓰에서는 무슨 용기가 생겼는지, 주인 혼자 운영하는 13석 규모의 아담한 카페를 네 번이나 찾았다. 그곳은 빈티지 카페나 술집, 책방 중 무엇으로 불려도 어색하지 않은 모호하고 사적인 공간으로, 한적한 골목길, 눈에 띄지 않는 건물 2층에 숨어 있었다. '커피와 책과 음악, 나카조라 커피 & 바'라고 적힌 자그마한 간판을 발견하고 들어가지 않을 이유가 없었다. 좁은 계단을 올라가 조심스레 문을 여니, 바깥에서는 상상할 수 없었던 새로운 세계가 펼쳐진다. 차분한 버건디 컬러의 복고풍 인테리어와 켜켜이 쌓인 낡은 CD와 책, 처음 듣는 데도 편안한 재즈 음악과 그윽한 커피 향기, 그리고 선반을 빼곡히 채운 다양한 위스키와 청주, 칵테일용 리큐어까지. 취향을 관통하는 이 비밀스럽고 신선한 공간에 나는 속수무책으로 마음을 빼앗겨 버렸다.

가게 안에는 주인인 오카다 씨가 근사한 양복 조끼에 보타이를 매고, 신중한 모습으로 커피를 내리고 있었다. 음료는 단박에 '나카조라 오리지널 블렌드 커피'로 정하고, 음식은 무엇을 먹을까 고민하다가 수량 한정이라는 말에 이끌려 과일 샌드위치 '후르츠산도フルーツサンド'를 주문했다. 은은한 과일 향이 느껴지는 부드러운 커피가 고급스러운 찻잔에 담겨 나오고, 상큼한 딸기와 키위, 파인애플을 생크림에 버무린 샌드위치는 먹기 좋게 세 조각으로 나누어져 있었다. 어딘가 투박하게 느껴지는 모양새지만, 커피의 쓴쓸함을 누그러뜨리는 폭신하고 달콤한 맛이 좋아 야금야금 베어 물었다. 그리고 평소 습관대로 가게 주인을 은밀히 관찰하기 시작했다.

오카다 씨는 외국 잡지를 읽고 있던 남자가 말을 걸어오자 기사에 대한 의견을 나누거나 다른 책을 추천해주곤 했다. 그다음 들어온 여자는 애교 섞인 목소리로 연애 상담을 의뢰했는데, 몇 개월 전 자신에게 고백한 남자 이야기였다. 오카다 씨는 '사람 마

나카조라의 선반에는 오래된 책과 우아한 커피잔, 그리고
세계 각국의 주류가 가지런히 놓여 있다

음은 금방 바뀌니까, 그 남자는 이제 너를 좋아하지 않을지도 몰라'라며 제법 직설적인 조언도 서슴지 않았다. 위치를 헤매는 듯한 손님으로부터 전화가 왔을 때는 조금 귀찮아하는 눈치였는데, 한참 설명을 해도 도통 알아듣지 못하자 '일하는 중이라 이만 실례해도 될까요'라며 제법 노골적으로 거부할 정도였다. 나는 손님 마음에 들기 위해 애쓰지 않는 시니컬함과 신사적이지만 적당히 무신경할 줄도 아는 태도가 오히려 반가웠다. 이런 주인이라면 나 같은 '한 달짜리' 뜨내기손님을 기억하거나 섣불리 아는 척하지 않을 것이라는 확신이 들었기 때문이다.

마음이 놓인 나는 일주일에 한 번씩 나카조라를 찾아 커피와 후르츠산도를 주문, 두어 시간쯤 책을 읽다 돌아오곤 했다. 집에서는 도통 읽히지 않는 난해한 책도 그곳에만 가면 페이지가 스르르 넘어갔는데, 아무래도 공간을 가득 메우는 바삭한 종이 냄새와 나른한 음악, 그리고 노란 독서 램프 덕분이었던 것 같다. 동시에 나카조라는 글을 쓰고 싶어지는 공간이기도 했다. 거기에는 남다른 이유가 있는데, 카페 주인인 오카다 씨가 주최하는 아마추어 작가들의 축제 '나카조라 문학상'이 이곳에서 열리기 때문이다.

셀 수 없이 많은 책과 CD에 둘러싸인 이곳은
오카다 씨의 보물창고나 다름없다

2015년에 시작된 아마추어 문학상의 개요는 이렇다. 매년 '커피'나 '음악'과 같은 일상적인 주제를 선정하여, A4 한 장 분량의 글을 모집한다. 참가 제한은 없다. 물론 당선된다 한들 엄청난 부상이 주어지는 것은 아니지만, 첫 회에만 68개, 그다음 해에는 97개의 작품이 모였다. 참가자 연령대는 10대부터 80대까지 넓어졌으며 도쿄나 오사카에서 보낸 원고도 있었다. 세 번째 해에 오카다 씨는 특별히 다카마쓰 고토히라 전기철도의 마나베 야스마사 사장과 협력, 가가와현을 횡단하는 노면전차 고토덴을 주제로 단편 소설을 모집했다. 총 210편의 응모작 중 11편을 골라 책자로 펴냈다고 한다.

카페에 비치된 아마추어 작가들의 진솔한 작품을 읽다 보면 이렇게 작고 아늑한 공간에서 문학상이라는 대담한 발상이 나왔다는 사실이 놀랍다. 알고 보니 카페에서 늘 글을 쓰는 손님이 한 명 있었는데, 그 내용이 몹시 궁금했던 오카다 씨가 대놓고 '보여 달라'고 말할 수 없어 공개 모집이라는 묘안을 떠올린 것이었다. 어쩌면 무심해 보이는 그의 표정과 말투는 손님에 대한 호기심을 감추려는 그만의 위장술일지도 모르겠다.

언젠가 일본어에 조금 더 자신이 생기면, 나카조라 문학상에 출품할 글을 써서 카페를 다시 찾고 싶다. 그때는 한 번도 내게 말을 건 적이 없었던 오카다 씨에게 혹시 나를 기억하냐고 넌지시 물어보고 싶다. 어느 해 여름, 일주일에 한 번씩 찾아와 커피와 후르츠산도를 먹으며 한국어로 된 책을 읽던 여자를⋯⋯.

처음 방문한 날 맛본 커피와 후르츠산도

나카조라 半空

주 소	香川県高松市瓦町1-10-18 北原ビル2F
가 는 법	고토덴 고토히라선 가와라마치역에서 도보 약 6분
전화번호	087-861-3070
홈페이지	www.nakazora.jp

여행 팁

가게 안에서 담배를 피울 수 있으므로 비흡연자라면 주의할 필요가 있다.

섬에서 발견한 나만의 리틀 포레스트

오기지마

도리마노우에

요즘 내가 가장 좋아하는 배우는 김태리다. 물론 만난 적은 없으니, 지금까지 선보인 작품 속 캐릭터에 반했을 뿐이다. 가장 기억에 남는 역할은 영화 《리틀 포레스트(2018)》의 주인공 혜원인데, 서울에서 고시원 생활을 하다 돌연 시골 고향 집에 내려오는 인물이다. 혜원은 계절마다 심을 수 있는 작물을 씨 뿌리고 거둔 뒤, 어릴 적 엄마에게 배운 레시피를 떠올리며 정성껏 요리한다. 영화는 땅에 있던 열매가 조리되어 식탁에 오르는 과정과 완성된 음식을 고향 친구들과 나누어 먹는 일상을 잔잔하게 담아낸다. 도시에서는 실패한 청춘이었을지 몰라도 시골에서 마법사처럼 일용할 양식을 뚝딱 만들어내며 성장하는 혜원에게 대리 만족을 느꼈는지도 모르겠다.

알고 보니 원작은 동명의 일본 만화였고, 만화가 이가라시 다이스케가 이와테현 시골 마을에서 지낸 경험을 바탕으로 집필한 작품이었다. 하지만 농촌에 집과 밭이 없고, 농사 기술이나 요리 실력도 부족한 내게 시골에서의 삶이 영화나 만화처럼 낭만적일 리 없다. 도시 생활에 권태를 느껴 다카마쓰까지 왔지만, 자연 속에서 자급자족하는 생활은 역시 로망에 불과한 것일까. 숙소에서 원작 만화를 읽다가 아쉬움에 빠진 나는 섬 여행을 검색하다 우연히 오기지마에 있는 게스트하우스 겸 레스토랑 '도리마노우에'를 발견했다.

다카마쓰항에서 배로 40분쯤 걸리는 오기지마는 인구 180명에 불과한 작은 섬이다. 이곳에서 도리마노우에를 운영하는 미요코 씨는 원래 도쿄에서 태어나고 자랐다. 가족에게 안전하고 맛있는 채소를 먹이기 위해 2004년부터 오기지마에서 밭을 일구다가 지금까지 살게 되었다. 그러던 2015년, 자신에게 농사일을 가르쳐주며 정착할 수 있게 도와준 이웃에게 보답하고, 외지인에게 시골 생활의 즐거움을 전하기 위해 백 년 넘은 전통 민가를 개조해 게스트하우스를 열었다.

도리마노우에의 첫인상은 그리움이었다. 마당이 있는 디근 (ㄷ) 자 모양의 나무집은 흐릿한 기억 속의 시골 할머니 댁을 떠올리게 했다. 어린 시절, 방에서 한참 떨어진 재래식 화장실은 악몽 그 자체였는데, 다행히 도리마노우에의 화장실은 모두 말끔한 양변기였다. 일본에서 기상 관측 이래 처음 41도를 넘긴 지독한 여름 날씨였지만, 미요코 씨는 선풍기에만 의지해 나무 밑동처럼 생긴 의자에 태연히 앉아 있었다. 마치 신선 같은 그 자태와 달리 나는 벌건 얼굴로 땀을 뻘뻘 흘리며 괴로워할 뿐이었다. 더위를 식히라며 내어 주신 수제 자두 주스마저 미적지근했고, 바깥에는 생전 처음 들어 보는 등에라는 곤충이 맹렬한 기세로 날아다니고 있었다. 그 순간 만만치 않은 하루를 직감했다.

가벼운 인사를 나누고 나서 장작으로 데운 물을 넣은 욕조에서 반신욕을 즐겼다. 일본에는 탕에 들어가기 전에 몸을 깨끗이 씻고 들어가 피로를 푸는 문화가 있는데, 탕의 물을 한 번 쓰고 버

좁고 굽이진 오기지마 골목길에는 자동차가 다닐 수 없어
밤낮으로 고요하다

리는 것이 아니라 온 가족이 번갈아 가며 들어간다. 가정집이라면 보통 아빠와 엄마, 자녀 순으로 들어가는데, 손님이 오면 먼저 쓰는 특권을 허락한다. 덕분에 송구스러운 마음을 뒤로하고 막 데운 물에 처음 들어가는 호사를 누렸다.

몸을 데우고 나니 오히려 더위에 의연해졌다. 그사이 해가 지고, 도리마노우에의 자랑인 자연식 밥상이 차려지는 냄새가 풍기기 시작했다. 미요코 씨는 세토내해에서 잡은 생선과 해초, 그리고 직접 키운 무농약 채소를 담백하게 조리해 따뜻한 밥과 국에 곁들여 낸다. 식단은 산 중턱에 있는 텃밭과 섬을 둘러싼 바다가 그날 허락한 식자재로 준비하므로 매일 조금씩 바뀌지만, 감칠맛 나는 요리와 풍성한 양은 한결같다. 누군가가 정성껏 차려 낸 집밥은 여행자의 외로움까지 달래 주나 보다. 돈을 내고 숙박하는 것이 아니라 친척 집에 놀러와 하룻밤 신세 지는 기분이 들 정도였으니······.

수제 셔벗과 커피로 식사를 마무리하며 미요코 씨와 긴 대화를 나누었다. 어쩌면 나의 일방적인 고해성사였을지도 모르겠다.

학생 시절에는 경쟁하듯 점수 올리기에 집착했고, 졸업 후에 남부럽지 않은 직장에 들어갔지만, 무력감을 이기지 못하고 퇴사했다. 도망치듯 떠난 일본에서 후회 없이 대학원 생활도 하고 관심 있는 분야에서 일도 해 보았지만, 다시 그만둔 상태였다. 적어도 박사 학위를 받았거나 이름 있는 기업에서 과장쯤 되어 있을 것이라 기대했던 서른 살, 나는 아무것도 이룬 것이 없었다. 그러다 돈과 시간에 얽매이지 않은 채 자연과 호흡하며 사는 미요코 씨의 모습을 보니 무엇을 위해 그토록 조급하게 살았나 싶은 생각이 들었다. 삶의 방식에는 정답이 없다. 학위도 직장도 결국 나를 과시하고자 하는 수단이었을 뿐이다. 정작 중요한 내면의 행복은 아무에게도 증명할 필요가 없다는 사실을 잊고 살았다. 완벽하지 않은 일본어로 더듬더듬 내뱉는 나의 속마음을 미요코 씨는 단어 하나하나 소중한 듯 귀담아 들어주었다.

다음 날 아침에는 도리마노우에서 조금 떨어진 그녀의 텃밭을 보러 갔다. 블루베리, 민트, 스테비아, 시소 등 밭에 심은 온갖 식물을 신기하게 바라보자 하나씩 따서 맛을 보여 주었다. 그 작은 열매와 얇은 잎 안에는 오기지마의 햇살과 바람이 키운 진하

무려 일곱 가지의 반찬을 따뜻한 밥과 국에 곁들여 먹었다

미요코 씨의 텃밭에 블루베리가 탐스럽게 영글었다

고 깊은 맛이 숨어 있었다. 밭에서 얻은 재료로 요리를 하고, 버려진 나무로 그릇과 수저를 조각하는 이곳은 미요코 씨만의 리틀 포레스트 그 자체였다.

다카마쓰로 돌아가는 배를 놓치랴 허둥지둥 게스트하우스를 떠나는 내게 미요코 씨는 항구로 가는 지름길을 알려 주며 마지막까지 배웅을 잊지 않았다. 하루 동안의 시골 체험이 무색할 정도로 나는 숙소에 도착하자마자 푹신한 침대에 누워 에어컨을 틀었다. 끼니때가 되자 직접 요리하는 대신 저렴한 우동 체인점에서 간편하게 저녁을 해결하고, 편의점에서 가공식품을 잔뜩 사서 들어왔다. 갑자기 달라진 것은 아무것도 없었다. 그러나 미요코 씨와의 만남은 앞으로의 선택을 더욱 풍성하게 만들었다. 도시에서 나고 자라도 자신의 선택에 따라 전혀 다른 행복을 누릴 수 있다는 사실을 몸소 보여주었기 때문이다. 그녀와 함께 오기지마에서 보낸 하루는 기억 속에서 보이지 않는 작은 숲이 되었다. 다시 도시로 돌아가 고군분투하며 중심이 흔들리고 미래가 불안하게 느껴질 때, 언제든지 그 편안한 기억에 기대어 쉬었다 갈 것이다.

도리마노우에 ドリマの上

주 소	香川県高松市男木町1894
가 는 법	오기지마항에서 도보 5분
전화번호	090-7146-2268
홈페이지	https://jyouko.jimdo.com

여행 팁

오기지마는 수많은 길고양이가 주민들과 함께 살아가고 있어 '고양이의 섬' 이라고도 불린다. 고양이 수가 급격히 늘어나 농작물 피해가 심각해지자 2016년 동물 애호 단체와 협력하여 200마리 정도의 고양이에게 중성화 수술을 받게 했다. 이때 시술을 받은 고양이는 귀 한쪽 끝을 잘라 표시했는 데, 그 모양이 벚꽃 잎과 닮아 '사쿠라네코桜猫'라고 불린다.

오기지마로 가는 배는 메기지마를 거치므로 도중에 메기지마에 들러 항구 주변의 예술 작품과 도깨비 동굴로 알려진 오니가시마 대동굴을 관광할 수 있다.

도리마노우에에서 숙박하지 않고 점심 식사만 이용할 수도 있으며 사전 예약이 필요하다. 미요코 씨가 운영하는 조코 카페じょうこカフェ에서 15 분쯤 걸어가면 1895년에 해안가에 세워진 오기지마 등대를 볼 수 있다.

Part 2

아트 테라피 : 소도시에 꽃핀 예술

미(美)의 추구는 본능이다. 예술가는 내면의 환희, 고통, 사랑, 절망을 타고난 재능과 단련된 기교를 활용해 독창적인 아름다움으로 승화시킨다. 가가와현에서 만난 그림과 조각, 문학, 건축에는 미적 가치뿐 아니라 누군가의 행복을 바라는 작가의 따스함이 배어 있었다. 그 대상은 지역 사람이 될 수도 있고, 먼 곳에서 온 외지인, 혹은 작가 자신이기도 했다.

그래서인지 작품들은 하나같이 으스대는 기색 없이 관람객이 마음껏 체험하고 사유해주기를 기다린다. 전문적인 지식이 없어도 괜찮다. 어차피 우리는 모두 한때 누가 시키지 않아도 벽에 추상화를 그리고, 상상 속 친구와 즉흥 연극을 즐기며, 자연에 대한 호기심으로 넘쳐났던 작은 아티스트였으니까. 그때의 순수한 감성으로 자유롭게 해석하고 사유하며, 예술이 선사하는 즐거움에 흠뻑 빠져보자.

동서양의 경계에 선 조각가, 자연을 품다

다카마쓰

이사무 노구치 정원 미술관

대학원 시절, 한 일본인 교수님이 '문화 간 커뮤니케이션'이라
는 강의를 열었더니 몇몇 일본 학생들이 외국인과 결혼하는 법을
배우는 줄 알고 신청했더라는 웃지 못할 에피소드를 들려주었다.
이런 국제결혼에 대한 일본 젊은이들의 막연한 환상은 요즘 일본
대중 매체에서 부쩍 많이 보이는 혼혈 연예인과 무관하지 않다.
반은 일본인이고 반은 외국인이라는 뜻에서 '하프ハーフ'라고 불리
는 국제결혼 자녀들은 2개 국어를 유창하게 구사하거나 이국적인
외모를 가진 경우가 많아 쉽게 이목을 끈다. 물론 하프라는 말에

는 '완전하지 않다'는 뉘앙스가 있기에 거부감이 들지만, 그들의 활약 덕분에 외모나 문화가 다양한 사람들이 어울려 사는 모습이 당연해지는 것은 다행이라고 생각한다.

그런데 하프라는 말이 생기지도 않았던 한 세기 전, 연인 사이였던 일본인 아버지와 미국인 어머니에게서 태어난 이사무 노구치1904~1988가 겪은 차별은 지금과 차원이 달랐을 것이다. 태어나기도 전에 아버지에게 버림받아 미혼모의 자녀로 컸고, 어린 시절에는 일본에서 살며 튀는 외모로 놀림을 받았다. 성인이 되어 미국으로 건너간 뒤에는 제2차 세계대전이 일어나 일본인 강제 수용소에서 나오지 못하는 신세가 되기도 했다. 비록 아버지와 부자간의 정을 나누진 못했지만, 조각가의 길을 걸으며 일본 문화에 강한 끌림을 느낀 그는 어머니의 성 길모어Gilmour가 아닌 아버지의 성 노구치野口를 썼다. 그의 작품 중에는 여백과 자연을 중시하는 일본 '젠 스타일' 정원에 영감을 얻은 것이 많다. 그럼에도 불구하고 일본인에게는 끝내 미국인 조각가로 남을 수밖에 없었다. 한평생 미국인과 일본인 사이에서 정체성을 고민했던 그는 국경을 나누지 않는 나무와 돌을 조각하며 고달픈 자신의 생애를 위로하지 않았을까.

두 나라를 오가며 활동했던 이사무 노구치는 1969년 질 좋은 화강암이 나는 다카마쓰 무레牟礼 마을에 집이자 작업 공간을 차렸다. 작가가 세상을 떠난 지금, 이사무 노구치 정원 미술관이라고 불리는 그곳은 누구나 사전 예약을 통해 방문할 수 있다. 다만 예약 방법이 조금 까다롭다. 해외에서는 1주 전에 이메일로 신청해야 하고, 일본에 살고 있다면 왕복 엽서에 예약자 정보를 적어 방문 희망 날짜 10일 전까지 보내야 한다. (지금은 일본 거주자도 이메일로 예약해서 이용할 수 있다) 다카마쓰에 머물고 있던 나는, 오랜만에 손글씨로 엽서를 써서 보냈다. 며칠 뒤 날짜와 시간을 확정 짓는 답장을 받았지만, 나중에 인원이 바뀌는 바람에 전화로 양해를 구하느라 진땀을 뺐다. 입장료가 저렴한 것도 아니어서 '꼭 이렇게까지 해야 할까' 싶다가도, 20세기를 대표하는 조각가의 집에 초대받는데 '이 정도쯤이야'라며 마음을 고쳐먹기도 했다.

마을 깊숙이 자리 잡은 이사무 노구치 정원 미술관에는 고요하고 절제된 분위기가 감돌았다. 접수처로 사용하는 목제 건물 안에는 작가에 대한 영상과 도서가 마련되어 있었다. 그곳에서 잠시 기다리다 견학 시간이 되어 가이드의 안내를 따라 작업 공간으로 향했다. 낮은 돌담에 에워싸인 아틀리에는 비 오는 날이나 밤에 이용했다는 실내 작업실과 수십 개의 조각 작품이 전시된 야외 정원으로 구분된다. 작품은 모두 특정할 수 있는 대상이 아닌 작가의 추상적인 관념을 형상화한 것처럼 보였다. 돌 본래의 질감을 살린 것이 있는가 하면, 깎아지르는 면이나 완벽한 원을 인공적으로 구현해 오히려 이질적으로 느껴지는 것도 있었다. 작품 높낮이와 여러 색의 대조도 흥미로웠다. 모든 작품은 이사무 노구치가 뉴욕으로 떠나 숨을 거두기 전 배열해 놓은 위치 그대로라고 한다. 돌아오겠다는 마지막 인사와 함께 시간이 멈춰버린 듯한 쓸쓸함이 묻어났다.

이어서 그가 살았다는 일본식 전통 가옥으로 자리를 옮겼다. 어둡고 차분한 목조 건물 내부를 대나무와 종이로 만든 이사무 노구치의 대표적인 조명 작품 '아카리AKARI'가 은은히 밝히고 있었다. 좌식에 익숙하지 않은 그를 위해 의자처럼 걸터앉을 수 있게 설계된 다다미 마루가 독특했고, 그 뒤에 시원하게 솟은 대나무 정원은 감탄을 자아냈다. 생가 옆으로 난 돌계단을 올라가면 작은 인공 언덕이 나오는데, 작가는 그곳에 가만히 앉아 오랫동안 경치를 감상했다고 한다. 그 말을 듣고 잔디밭에 풀썩 앉으니, 앞에서는 새소리가 들려오고, 발밑에서는 작은 청록색 개구리 한 마리가 폴짝 뛰어오르다가 어디론가 사라졌다.

동행한 지인은 이사무 노구치 정원 미술관이 마치 조각가의 왕국 같다고 표현했다. 아무도 방해하는 이가 없고, 오직 나무와 돌만 무성한 마을에 직접 만든 작품을 세워 두고, 오직 자신만을 위한 근사한 작업 공간을 가지는 것은 모든 조각가의 이상이 아닐까. 그 옛날 폐쇄적인 일본 사회에 혼혈로 태어나 차별에 시달리고 부모 나라 간에 전쟁까지 난 가혹한 운명을 그는 독창적인 미학으로 승화시켜 예술가로 우뚝 섰다. 그래서 그의 작품은 저마다의 고통을 안고 사는 사람들에게 무언의 위로를 건네는 것 같다. 어떤 이는 이사무 노구치의 조각을 서구적인 모더니즘이라고 부르고, 어떤 이는 오리엔탈리즘이라고 표현한다. 나는 그저 '이사무 노구치답다'라고 말하고 싶다.

작가에 비할 수는 없지만, 나 역시 인종에 대한 편견에 맞닥뜨린 기억이 있다. 아버지의 해외 파견으로 백인이 대부분인 학교에 다닌 적이 있는데, 입학한 지 얼마 안 됐을 무렵 한 금발의 미국인이 나를 비롯한 세 명의 한국인 학생을 분류하기 시작했다. 먼저 한국에서 막 건너온 기색이 역력한 나는 '배에서 막 내린 이민자'를 뜻하는 'FOB Fresh off the Boat'였고, 외모는 아시아인이지만 서양권에서 태어나고 자란 다른 아이는 '바나나'였다. 노란 껍질을 벗기면 흰 알맹이가 드러나는 과일에 빗대어 조롱하는 말이었다. 한국에서 태어났지만 유학 생활을 오래 한 세 번째 친구에게는 '너는 속이 무슨 색이야'라고 물었다. 한국인이라는 정체성이 비교적 확실했던 나는, 우리말보다 영어가 유창한 그 친구도 생각은 백인에 가깝지 않을까 생각했다. 그때 그 아이의 대답은 아직도 나를 부끄럽게 한다.

"사람 속은 다 똑같이 빨간색이지."

피부 한 꺼풀 벗기고 나면 모두 벌건 피가 도는 모두 똑같은 사람이다. 사춘기를 갓 넘긴 그 친구도 알았던 사실을 모든 사람이 깨닫기까지는 얼마나 더 오랜 시간이 걸릴까. 이사무 노구치의 작품에 매료됐던 만큼, 그 밑거름이 됐을 차별과 혐오에 마음이 쓰인 날이었다.

이사무 노구치 정원 미술관 イサム・ノグチ庭園美術館

주　　소	香川県高松市牟礼町牟礼3519
가 는 법	고토덴 시도선 야쿠리역八栗駅에서 하차 후 도보 약 20분
	(다카마쓰칫코역에서 출발 시 가와라마치역에서 환승)
	다카마쓰역, 다카마쓰칫코역, 가와라마치역 부근에서
	출발하는 고토덴 버스 아지庵治선 아지온센庵治温泉행을
	타고 이노리이와요이치코엔마에祈り岩与一公園前 정류장에서
	하차 후 도보 약 7분
전화번호	087-870-1500
이 메 일	museum@isamunoguchi.or.jp
홈페이지	www.isamunoguchi.or.jp

여행 팁

방문 예약 이메일은 이름과 나이, 거주 국가, 인원수, 희망 방문 날짜와
시간을 포함하여 영어 또는 일본어로 작성한다.

이사무 노구치 정원 미술관 외에도 다카마쓰 중앙공원, 쇼도시마 올리브원,
간온지 이치노미야 해변공원 등 가가와현 곳곳에 그가 만든 어린이용 놀이
기구가 설치되어 있다.

문단 대부의 따뜻한 인간애

다카마쓰

기쿠치 간 기념관

여행자의 눈에는 많은 것이 들어온다. 낯선 장소에서 잔뜩
예민해진 감각이 일상에서 지나치기 쉬운 존재도 단숨에 포착해
내기 때문이다. 우연에 기댄 사소한 발견은 종종 삶을 풍성하게
하는 새로운 경험을 낳는다. 다카마쓰 출신의 문학가 기쿠치 간
1888~1948을 알게 해 준 것도 그런 여행의 선물 중 하나였다.

다카마쓰에 도착한 둘째 날, 가와라마치 부근을 걷다 연극의
한 장면을 표현한 듯한 조형물을 발견했다. 거뭇거뭇한 세월의
때가 낀 청록색 동상이었는데, 고집스러운 표정으로 꼿꼿이 선 노
인과 그를 보며 놀라거나, 울거나, 혹은 외면하는 네 사람을 나타

내고 있었다. 설명을 보니 1917년 작 희극《아버지 돌아오다》의 한 장면으로, 20년 전 집을 나간 아버지가 무일푼으로 돌아오면서 생기는 가족 간의 갈등과 화합을 그린 이야기였다. 작가 이름은 기쿠치 간. '다카마쓰가 낳은 문호'라는 소개말에서 동향인에 대한 자부심이 느껴졌다. 알고 보니 내가 서 있던 그 길 역시 그의 이름을 딴 '기쿠치간도오리菊池寬通り'. 그는 도대체 누구길래 이토록 사랑받는 것일까.

기쿠치 간의 이름 앞에 놓이는 여러 수식어 중 가장 유명한 말은 바로 '문단의 대부'쯤으로 번역할 수 있는 '분단노오고쇼文壇の大御所'다. '오고쇼'는 우두머리 자리에서 물러났지만 여전히 실권을 쥔 섭정을 의미하는 말로, 비유적으로는 한 분야를 개척한 실세를 뜻한다. 기쿠치 간에게 더없이 잘 어울리는 표현인데, 먼저 외모부터 그렇다. 소설가라고 하면 으레 마르고 병약한 모습을 떠올리기 마련이지만 사진 속 그는 한 손에 담배를 든 풍채 건장한 사업가의 외향이다. 업적으로 따지자면, 잡지 「문예춘추」를 창간했고, 일본문예가협회 초대 회장을 지냈으며, 일본 대표 문학상 아쿠타가와상과 나오키상을 만든 인물이다. 일본 고급 요정

料亭에서 문학인을 거느리고 풍류를 즐기는 사진 속 모습은 대부, 아니 오고쇼 그 자체다.

하지만 기쿠치 간이 지금까지 다카마쓰에서 존경받는 이유는 단순히 그가 가졌던 직함만이 아닌, 그의 행적에서 드러나는 인간에 대한 뜨거운 애정 덕분이다. 기쿠치 간이 만든 문학상은 천재 소설가이자 일찍 요절한 두 벗 아쿠타가와 류노스케 1892~1927와 나오키 산주고1891~1934를 추모하는 의미를 담고 있으며, 잡지나 협회 활동을 통해 초기 일본 문단을 형성한 것도 후배들에게 더 나은 환경을 물려주기 위함이었다.

또 그의 대표적인 장편 소설『진주 부인』에서는 인간의 불완전함을 보듬고 차별에 대항하는 메시지를 읽을 수 있다. 작품은 1920년에 신문에 연재되었는데 순종적인 일본 여성상을 비웃는 요부 루리코의 복수기를 그린다. 소설 속 루리코는 어느 팜므파탈처럼 한눈에 현혹될 만큼 눈부신 외모와 지성을 갖추었다. 자신의 첫사랑과 가족을 짓밟은 졸부 쇼다와 강제로 결혼하게 된 그녀는 그를 파멸시키는 데 성공하지만, 동시에 자신도 악인이 되

기쿠치간도오리에 있는 〈아버지 돌아오다〉상
내가 주인공의 가족이라면 어떤 마음이었을지 상상해 보았다

다카마쓰를 대표하는 문학가 기쿠지 간의 업적과 삶을 정리한
기쿠치 간 기념관

어버린다. 복수의 대상을 잃은 허무함은 여성을 소유물로 여기는 남성 자체에 대한 분노로 번져, 손아귀에 들어오는 모든 사람을 유혹하기에 이른다. 비록 루리코의 행동이 전부 옳다고 할 수는 없지만, '남성은 여성을 농락해도 좋고 여성은 남성을 농락하면 안 된다'는 그릇된 남성 위주의 도덕에 저는 이 한 몸을 걸고서라도 대항할 겁니다'라는 그녀의 항변은 당시 사회적 약자였던 많은 일본 여성에게 짜릿한 카타르시스를 선사했을 것이다.

소설을 읽고 며칠 후 기쿠치 간 기념관을 찾았다. 3층짜리 건물 구석에 위치한 기념관 앞에는 작가의 흉상이 설치되어 있었고, 그 안을 직원 한 명이 지키며 드문드문 오는 방문객을 상냥하게 맞이했다. 먼저 작가에 대한 짧은 비디오를 감상하고 전시장을 둘러보았다. 영어 번역조차 완전하지 않아 외국인 방문객에 대한 배려는 좀처럼 찾아보기 힘들었다. 그러나 작가의 어린 시절 성적표와 지인과 주고받은 엽서, 생전에 입었던 유카타 등 삶의 소소한 흔적을 눈앞에서 바라보는 것만으로 그와 한 걸음 가까워진 기분이 들었다.

어릴 때부터 두뇌가 명석했지만, 진로를 찾는 과정에서 중퇴와 퇴학을 반복했던 과거에서 인간적인 면을, 발언의 자유를 억압하는 전쟁과 군국주의를 반대했다는 설명에서 개인주의적인 성향을 엿볼 수 있었다. 장기와 마작, 경마를 즐긴 것을 보면 제대로 놀 줄도 알았던 것 같다. 집에서는 재떨이도 없이 담배를 피우고, 아내 외에 여러 애인을 두었으며, 젊은 시절 남성에게 사랑을 고백하는 편지를 쓸 정도로 모든 면에서 일관되게 자유분방한 인물이었다.

그러나 그는 문학과 문학인을 향해서는 충성스러운 애정을 쏟았다. 기념관의 마지막 코너에서는 기쿠치 간이 만든 상을 밑거름으로 날개를 펼치게 된 수많은 문학인의 얼굴을 보여준다. 그들이야말로 기쿠치 간이 남긴 가장 자랑스러운 업적이 아닐까. 기쿠치 간이 문단의 대부라면, 그들은 문단의 대자녀이자 수혜자라고 할 수 있다. 그 후로도 기쿠치간도오리를 지나다 〈아버지 돌아오다〉상을 보며, 한 사람의 인생을 가치 있게 만드는 것은 결국 남겨진 사람의 기억일지도 모르겠다고 생각했다.

기념관을 나와 숙소로 돌아오는 길,
우리나라말로 번역된 기쿠치 간의 모든 작품을 찾아보았다

기쿠치 간 기념관 菊池寬記念館

주　　소	香川県高松市昭和町1-2-20 3F	
가 는 법	JR 고토쿠선 쇼와초역에서 하차 후 도보 3분	
전화번호	087-861-4502	
홈페이지	www.city.takamatsu.kagawa.jp/kurashi/kosodate/bunka/kikuchikan/index.html	

여행 팁

다카마쓰에는 기쿠치 간 기념관과 〈아버지 돌아오다〉 상을 비롯해 작가와 관련된 총 11개의 장소를 돌아보는 '기쿠치 간 워크菊池寬ウォーク' 가 있다. 특히 기쿠치간도오리와 접하는 다카마쓰 중앙공원에만 네 개의 상징물을 숨겨 두었다고 한다. 공원을 산책하다 특이한 비석이나 동상을 발견한다면, 기쿠치 간과의 관련성을 의심해 보자

어린이를 위한 예술이라는 놀이터

마루가메

마루가메시 이노쿠마 겐이치로 현대미술관

결혼 후 도쿄에서 처음 얻은 집 바로 앞에는 작은 야외 수영장이 있었다. 아쉽게도 내가 사는 맨션이 아니라 근처에 있는 초등학교 수영장이었다. 일 년 중 대부분은 쉬는지, 초록색 이끼가 낀 물에 낙엽과 눈, 벚꽃 잎이 번갈아 쌓이곤 했다. 그러다 어느 날 갑자기 수영장이 깨끗해지면, 다음 날부터는 매일 아이들이 수영을 연습하는 소리가 들렸다. 나는 그렇게 여름이 온 줄 알았다. 대부분의 초등학교와 중학교에 수영장이 있고, 수영을 필수로 가르치는 일본에서는 흔한 풍경이다. 일본이 아시아 수영 강국으로 불리고, 2018년 올림픽에서 여자 수영 부문 6관왕을 달성한 이케에 리카코와 같은 천재 선수가 나오는 것은 결코 우연이 아니다.

어린아이의 재능은 기회 없이 발견되지 않는다. 가가와현에서 태어난 서양화가 이노쿠마 겐이치로1902~1993도 파리 유학 중에 비슷한 생각을 한다. 다음은 그가 1947년 한 잡지에 기고한 「궁리는 한계가 없다」라는 글의 일부다.

파리에 사는 아이들, 그들의 일상생활에서는 공원 모래밭에서 노는 것이나 루브르 박물관에 가는 것이나 손쉽기는 매한가지다. 손에는 장난감을 들고, 눈으로는 세계적인 예술을 서서히 새겨 넣는다.

예술적 감성이 자랄 수밖에 없는 환경에 깊이 감명받은 화백은 자신이 학창시절을 보낸 마루가메에 2만여 점의 작품을 기증한다. 그의 전폭적인 지원 덕분에 탄생한 곳이 바로 '마루가메시 이노쿠마 겐이치로 현대미술관(별칭 MIMOCA/미모카)'이다. 직육면체 상자를 연상시키는 독특한 디자인은 뉴욕 현대미술관

MoMA 설계를 담당한 세계적인 건축가 다니구치 요시오의 작품이다. 위치는 마루가메역 바로 앞. 아무리 길눈이 어두워도 역에서 내리면 눈에 띌 수밖에 없고, 마루가메에서 가장 번화한 장소이니, 누구나 쉽게 예술을 접하길 바라는 작가의 뜻을 실현한 셈이다. 소도시에서 자라는 아이들이 예술을 통해 비옥한 정서와 상상력을 키우도록 체험 활동도 정기적으로 연다. 고등학생 이하나 18세 미만이면 입장료도 받지 않는다. 이미 성인이 된 나는 입장료를 내야 했지만, 플래시만 사용하지 않으면 사진을 마음껏 찍게 해주는 너그러움이 고마웠다.

전시실은 유리를 통해 자연광이 들어와 안에서도 푸른 하늘을 느낄 수 있었다. 그날은 대표작인 〈얼굴〉 시리즈를 전시하고 있었는데, 이목구비가 미묘하게 다른 수십 개의 사람 얼굴이 한 폭에 담긴 추상화였다. 마치 꿈에서 선명하게 보았지만, 깨어나는 순간 모래알처럼 흩어져 버린 잔상을 나타낸 듯했다. 쾌활한 색감에도 불구하고 가슴을 저릿하게 하던 작품들은 아내와 사별한 뒤 그리기 시작했다고 한다. 얼굴을 그리는 동안 눈, 코, 입의 모양을 단순화하고 배치를 조금씩 바꾸는 일에 매료되어, 새로운

미술관에 들어가지 않아도 누구나 생활 속에서 이노쿠마 겐이치로의
조형 작품과 그림을 감상할 수 있도록 배려했다

얼굴을 자꾸 탄생시키게 된 것이다.

이노쿠마 겐이치로의 작품은 화풍이 여러 번 바뀐 것으로 유명하다. 초기에는 산과 바다, 마을을 그린 풍경화와 인물화를 그렸으며, 나중에는 기하학 도형으로 도시 파노라마를 연출한 〈Landscape〉 시리즈를 비롯한 추상화에 집중했다. 하지만 같은 추상화라도 말기에 그린 〈얼굴〉 시리즈는 이전 작품과 같은 사람이 그렸다고 믿기지 않을 정도로 선이나 질감이 완전히 다르다. 어쩌면 가가와현에서 태어나 도쿄를 거쳐 파리와 뉴욕, 하와이로 삶의 터전을 옮길 때마다 신선한 영감을 얻었는지도 모르겠다. 혹은 그가 입버릇처럼 반복한 '그림에는 용기가 필요하다'라는 말에서 짐작할 수 있듯, 끊임없이 새로움에 도전한 노력의 결실일 수도 있겠다.

미술관 밖을 나와 야외 전시 공간인 〈창조의 광장〉에서 거대한 설치 미술을 조금 더 감상하기로 했다. 작품을 보는 동안 지나가던 중년 남성이 벽면을 가득 채운 그림을 슬쩍 보기도 하고, 젊은 커플이 작품 옆에서 포즈를 취하며 서로의 사진을 찍어주기

2층 전시실 내부. 사진 : Tadasu Yamamoto

3층 전시실 내부. 사진 : Tadasu Yamamoto

도 했다. 고사리 같은 손으로 반들반들한 작품을 만지다가 총총 사라진 소녀도 있었다. 일상의 작은 틈에서 예술을 즐기는 것. 화백이 바라던 풍경이었을 것이다.

이노쿠마 겐이치로는 노년에 모든 소장 작품을 기부함으로써 동네 놀이터에 가는 것처럼 가벼운 마음으로 찾을 수 있는 역앞 미술관을 탄생시켰다. 스승이었던 앙리 마티스나 동시대를 산 파블로 피카소의 유명세에는 미치지 못했을지 몰라도, 마루가메에서 태어나고 자라는 이들에게는 한 단계 높은 문화를 선물하며 누구보다 고귀한 유산을 남겼다. 성공은 '세상을 조금은 더 나은 곳으로 만들어 놓고 떠나는 것'이라고 정의 내린 랄프 월도 에머슨의 시는 화백을 위한 말이 아닐까. 그가 바란 대로 가가와현에서 태어난 아이들의 잠재력이 현대 미술을 만나 저마다의 색으로 꽃 피리라 믿는다.

마루가메시 이노쿠마 겐이치로 현대미술관
丸亀市猪熊弦一郎現代美術館

주　　　소　　香川県丸亀市浜町80-1

가 는 법　　JR 요산센 마루가메역 남쪽출구에서 도보 1분

전화번호　　0877-24-7755

홈페이지　　www.mimoca.org

여행 팁

예술의 섬 나오시마에 건축의 거장 안도 다다오가 있다면, 가가와현 내륙에는 대중 앞에 모습을 잘 드러내지 않아 '은둔의 건축가'라고 불리는 다니구치 요시오가 있다. 직선을 과감히 사용한 절제된 아름다움이 특징이며, 마루가메시 이노쿠마 겐이치로 현대미술관과 사카이데시에 위치한 가가와현립 히가시야마 가이이 세토우치 미술관을 디자인했다. 교토에 있는 교토국립박물관과 아이치현 도요타시 미술관도 그의 작품이다. 전시된 작품과 완벽하게 어우러지는 건축 요소를 찾아보는 것도 미술관을 즐기는 또 하나의 방법이 될 것이다.

일본화와 서양화의 푸르른 만남

사카이데

가가와현립 히가시야마 가이이 세토우치 미술관

　전통은 언제 태어났을까. 빠르게 변한 현대가 과거를 돌아보며 전통이라고 규정지을 때라고 생각한다. 예전에는 당연한 삶의 모습으로 시대에 따라 변화해 왔을 문화가 어느 순간 '옛것'이라 불리며 박제된 것이라고. 마치 멸종동물처럼 말이다. 그런 전통이 서구화된 일상에서 다시 살아 숨 쉬려면 아슬아슬한 줄타기가 필요하다. 잘하면 동서양의 만남이나 현대적인 재해석이라고 칭송받지만, 조금만 어긋나도 전통을 훼손한다며 손가락질당하기에 십상이기 때문이다. 미술의 세계에서도 마찬가지다.

현대 일본화의 거장이자 일본에서 '국민 풍경화가'라고 불리는 히가시야마 가이이1908~1999는 전통과 현대, 또는 일본화와 서양화 사이에서 절묘한 균형을 잡는 데 성공했다. 전통적인 방식을 따라 종이나 비단, 삼베에 그림을 그리고 광석에서 얻은 안료 등으로 채색했지만, 서양식 액자에 담거나 유화로 그린 듯한 효과를 주는 등 현대적인 요소를 가미했다. 그는 주로 여행길에 마주한 자연 풍광을 그렸는데, 단순한 구성과 청량한 색감을 보면 국경을 초월하는 순수함도 느껴진다.

히가시야마 가이이가 세상을 떠난 뒤, 유족이 약 270점의 작품을 화백 조부의 고향인 가가와현 사카이데에 기증하면서 '가가와현립 히가시야마 가이이 세토우치 미술관'이 세워졌다. 미술관은 세토내해가 보이는 시원한 풍경 속에 마치 잘 다듬어진 조각 작품처럼 자리하고 있다. 입구에는 그의 대표작 〈 길(1950) 〉을 재현한 산책로가 잔디밭을 가로지른다. 짧은 거리이지만 그림을 감상할 마음의 틈을 내기에 충분하다.

푸른 하늘과 잔디밭 사이에 자리 잡은 미술관의 풍경도
마치 한 폭의 그림 같다

미술관은 소장 작품을 주제별로 묶어 전시하는 테마 작품전을 일 년에 네 번, 그리고 다른 작가의 작품을 함께 선보이는 특별전을 두 번 연다. 내가 방문한 날, 1층 전시실에는 여행지에서 작업을 위해 남긴 스케치가, 2층에는 세토내해를 비롯해 바다를 그린 작품이 걸려 있었다. 즉흥적으로 그린 미완성 스케치는 무궁무진한 가능성을 품고 있었으며, 바다를 그린 작품에는 마음을 정화하는 힘이 있었다. 검은 바위에 부서지는 코발트블루 색 물살, 그리고 모래사장을 덮는 에메랄드그린 빛 파도는 금방이라도 액자 밖으로 흘러내릴 것만 같았다. 평화로운 청록색의 향연 덕분인지 동화 속 한 장면을 여행한 기분이 들었다.

히가시야마 가이이의 풍경화가 보는 이의 마음마저 푸르게 물들일 수 있는 것은 누구보다 화가 자신이 자연에서 치유와 영감을 얻었기 때문이다. 도쿄에서 일본화를 전공한 그는 서양 미술에 뜻을 품고 유럽으로 떠나, 독일에서 교환학생 자격으로 공부할 기회를 얻는다. 하지만 집안 사정이 어려워져 도중에 귀국하는데, 그 후로 일본미술대전Nitten에 출품한 작품이 줄줄이 떨어지고 전쟁까지 일어나면서 화가로서 내리막길을 걷는다. 전쟁이 끝난 후 평화를 기도하는 마음으로 자연을 그리기 시작했고, 불혹에 가까운 나이에 마침내 저녁노을을 담은 〈잔조(1947)〉가 일본미술대전 특선에 오르며 주목받는다. 자연은 화백의 뮤즈이자 구원자, 혹은 그의 전부였는지도 모르겠다.

관람을 마치고 1층 카페로 내려왔다. 넓은 유리 너머로 세토내해를 관통하는 세토 대교가 눈에 들어왔다. 오카야마현과 가가와현을 잇는 이 다리는 약 9.3km로 일본에서 가장 긴데, 히가시야마 가이이의 제안에 따라 옅은 회색으로 칠했다고 한다. 커피를 한 잔 주문해 놓고 일렁이는 물결을 바라보며 하염없이 시간을 흘려보냈다. 짙푸른 바다에 마음이 누그러지고, 청아한 하늘에 기분까지 맑게 개었다.

자연은 시대와 화풍에 연연하지 않고, 오로지 우주의 움직임에 따라 무한한 빛깔과 모양을 자아낸다. 사람은 언어와 문화, 피부색으로 편을 가르고 선입견을 갖지만, 하늘이나 바다는 스스로 국경을 나누는 일이 없다. 일본 화가이지만 서양화에도 조예가 깊었던 히가시야마 가이이는 그 사실을 알고 있었을 것이다.

그래서 풍경을 매개체로 전통과 현대, 동양과 서양의 조화를 이룬 것이 아닐까. 이날 미술관에서 감상한 작품 중 어느 그림이 가장 좋았냐고 묻는다면, 나는 망설임 없이 세토내해를 향해 난 미술관의 창이었다고 대답할 것이다. 한평생 산수山水를 쫓아다닌 화백도 동의해주리라 믿는다.

회색빛 세토대교가 푸른 바다와 하늘을 가로지르고,
그 옆에 높이 108m의 세토대교 타워가 솟아 있다

가가와현립 히가시야마 가이이 세토우치 미술관
香川県立東山魁夷せとうち美術館

주　　소　香川県坂出市沙弥島字南通224-13

가 는 법　JR 요산센 사카이데역에서 하차 후 미술관행 버스 또는 승합

　　　　　택시 이용

전화번호　0877-44-1333

홈페이지　www.pref.kagawa.jp/higashiyama/index.html

여행 팁

카페는 미술관에 입장하지 않고도 이용할 수 있다.

도보 5분 이내에 갈 수 있는 주변 볼거리로 세토 대교 기념공원과 세토

대교 타워, 사야 해수욕장 등이 있으니 시간을 넉넉히 두고 돌아볼 것을

추천한다.

지상보다 아름다운 땅속 미술관

나오시마

지추 미술관

외모나 학력, 연봉으로 사람을 재단하는 도시에서는 과시욕이 싹트기 쉽다. 서울과 도쿄에서 직장 생활을 할 때, 종종 분에 넘치는 브랜드를 쓰고 비싼 음식을 먹은 것은 주변 사람보다 모자람을 견디지 못하는 열등감 탓이었다. 내면의 불안을 화려한 치장으로 감추려 했다. 그러나 다카마쓰에서 한 달을 지내는 동안에는 고작 대여섯 벌의 옷을 매일 빨아 가며 입어도 부끄러운 줄 몰랐다. 노면전차와 페리를 타고 시골 마을을 여행하는 데 고급 원피스나 명품 가방은 거추장스럽기만 하니까. 게다가 손에 쥔 것보다 내면의 풍요가 중요함을 아는 주민들 앞에서 도시의 허울은 속수무책으로 무너지는 법이다.

일본의 교육 기업 베네세 홀딩스의 후쿠타케 소이치로 회장 역시 도쿄에서 살다가 가가와현에서 전철로 한 시간 거리인 소도시 오카야마로 이주한 경험이 있다. 선대 회장인 아버지가 세상을 떠난 뒤 본사로 일터를 옮긴 것이다. 그리고 『예술의 섬 나오시마』라는 책에서 이런 말을 남긴다.

오카야마에서 몇 달을 보내며 세토내해의 섬들을 돌아보는 사이 도쿄에선 느낄 수 없었던 행복을 마음 깊이 느낄 수 있었다. 도쿄에는 자극, 흥분, 긴장, 경쟁, 정보, 오락이 있을 뿐 거기에 '인간'이라는 단어는 없다.

도시를 지배하는 경제 논리에 맞서 인간미 넘치는 삶을 지키고 싶었던 후쿠타케 회장은 '나오시마 아트 프로젝트'라는 기적 같은 발상을 실현한다. 1917년부터 구리 제련소로 사용되던 나오시마는 원래 환경 오염이 심각해 주민조차 하나둘 떠나는 상황이었다. 그러던 1986년, 후쿠타케 회장이 어린이를 위한 국제 캠프장을 열고, 본격적으로 프로젝트를 실행하며 섬의 운명을 바꿔놓았다. 본래의 자연을 재생시키고, 그곳에 현대 미술을 접목해 섬

공동체가 더 나은 삶을 영위하게 만든 것이다. 1992년에는 호텔이자 미술관인 베네세 하우스 뮤지엄이 문을 열고, 뒤이어 1997년에는 오래된 민가를 설치 작품으로 탈바꿈하는 '이에 프로젝트'가 시작됐다. 이윽고 2004년, 인기가 너무 많아 사전 예약제로 변경될 수밖에 없었던 지추 미술관이 문을 열었다.

지추 미술관은 지중地中을 뜻하는 이름처럼 땅속에 내려앉아 있다. 조용히 외부 지형에 순응하며 존재감을 과시하지 않는다. 미술관 입구에서 지하 3층 전시실까지 뚜벅뚜벅 걸어 내려갈 때도 땅밑이라는 사실을 실감하지 못했다. 콘크리트 벽 사이사이를 풍성하게 채우는 빛, 그리고 하늘을 향해 열린 안뜰이 지상에 있는 듯한 개방감을 선사하기 때문이다. 나는 작품을 감상하기도 전에 이처럼 독특한 구조와 군더더기 없는 건축미에 완전히 매료되어 버렸다.

미로 같은 미술관 통로에서 한참 헤매다 가장 먼저 맞닥뜨린 작품은 지하 2층에 있는 인상주의 거장 클로드 모네1840~1926의 수련 연작이었다. 신발을 벗은 채 온화한 햇살이 비치는 순백의

공간을 걸었다. 가로 6m, 세로 2m인 〈수련 연못(1915~1926)〉
이 자연광에 시시각각 다른 색깔을 드러내며 다가왔다. 백내장을
앓던 모네의 눈에 비쳤을 어슴푸레한 빛과 아련한 형체의 파노라
마가 눈앞에 펼쳐졌다. 한 세기 전에 칠한 붉고, 푸르고, 창백한
물감이 잔잔하지만 찬란하게 반짝였다. 거칠거칠한 유화의 질감
속에 살아 있는 빛은 애잔함, 불안감, 슬픔 따위의 감정을 자극했
다. 눈을 돌리니, 조금 더 작은 크기의 수련 그림들이 나를 에워싸
고 있었다. 모네의 작품만을 위해 탄생한 새하얀 방을 나왔을 때,
마음속 어딘가가 물감처럼 뒤엉킨 기분이었다.

같은 층에 있는 제임스 터렐1943~ 역시 나의 감각을 온통 뒤
흔들어 놓았다. 빛을 이용한 설치 미술로 유명한 터렐은 지추 미
술관에 세 점의 작품을 전시했는데, 그중 가장 유명한 것이 〈오
픈 필드〉다. 작품은 벽에 걸린 푸르스름한 스크린 같지만, 계단
을 올라 그 안으로 들어가면 입체적이고 몽환적인 방이 나온다.
방에 들어가자 건너편에는 또 다른 스크린이 보였다. 그곳을 향
해 걷다가 일정한 거리에 다다르면 멈춰야 하는데, 관람객 중 한
명이 너무 가까이 다가갔는지 요란한 경고음이 울렸다. 연보랏빛

이 은은하게 감싸는 공간은 마치 안개가 드리운 듯한 착각이 들게 한다. 방금 걸어온 길이 평평한지 내리막길이었는지도 모호하다. 발바닥으로 전해지는 차가운 감촉을 제외하고 어떤 감각도 제대로 기능하지 않는 비현실적인 공간. 뒤틀린 인식과 빛의 무한한 팽창을 경험하는 곳이었다. 사후 세계가 있다면 분명 이런 모습이지 않을까.

지추 미술관에서 만날 수 있는 세 번째 작가는 월터 드 마리아1935~2013다. 작품의 수는 하나뿐이지만, 공간은 가장 넓다. 그리고 실체가 분명하다. 〈시간/영원/시간 없음〉이라는 공간에 들어서면, 마치 신전과 같은 계단이 펼쳐진다. 계단 중간쯤에는 지름 2.2m의 검은 화강암이 있다. 반들반들한 암흑 덩어리는 시간을 왜곡하는 블랙홀을 연상시키기도 하고, 멈춰진 시계추 같기도 하다. 양옆과 입구 벽면에는 금박을 입힌 각진 기둥이 지키고 있으며, 위에서는 날카로운 햇살이 내리쬐고 있어 웅장함을 더한다. 시간을 주제로 한 작품 이름처럼 해의 움직임에 따라 음영의 위치가 바뀌며 공간을 지휘한다. 지구상에 모든 생명이 사라진다고 해도 오로지 시간은 끊임없이 흐를 것이다. 손으로 만지거나 눈으로 볼 수도 없지만, 누구나 의식하고 있는 시간의 존재는 그래서 '영원'이기도 하고, '없음'이기도 한가보다.

　관람을 마친 뒤 카페에서 바다를 바라보며 머리를 식혔다. 일상과는 너무나 동떨어진 경험이었기에 현실에 적응할 시간이 필요했다. 지추 미술관은 자신의 경험과 감각으로 체험하는 작품인 만큼 정해진 해석이 없다. 그래서 작품을 본 감상을 나누며 비교할 대상이 없다는 사실이 처음으로 아쉬웠다. 그리고 이토록 아름다운 경험을 선물해 준 한 기업가의 모험심에 감사했다. 후쿠타케 회장은 자신이 소유한 미술품과 자본을 아낌없이 투자함으로써 오랫동안 버려졌던 섬을 전 세계 여행자가 몰려드는 기적의 섬으로 거듭나게 했다. 나오시마 주민들에게 당당한 미소를 되찾아 주었고, 등을 돌렸던 젊은 사람들이 돌아오게 했다. 기업이 공동체에 투자해야 한다는, 일명 '공익 자본주의'라고 부르는 그의 철학은 지상에서 가장 품격 있는 과시인 '노블레스 오블리주'의 다른 말일지도 모르겠다.

다카마쓰와 나오시마를 오가는 배 안에서는
세계 각국의 다양한 언어를 들을 수 있다

지추 미술관 地中美術館

주　　　소　香川県香川郡直島町3449-1

가　는　법　나오시마 미야노우라항宮浦港 또는 혼무라항本村港에서 마을
버스를 타고 쓰쓰지소つつじ荘역에서 내린 뒤, 베네세 아트
사이트 셔틀버스로 환승하여 지추 미술관 도착

전 화 번 호　087-892-3755

홈 페 이 지　benesse-artsite.jp/art/chichu.html

여행 팁

나오시마를 비롯해 세토내해에 있는 7개의 섬과 다카마쓰항에서는 3
년에 한 번씩 '세토우치 국제 예술제'를 연다. 자세한 내용은 공식 홈페이
지(setouchi-artfest.jp)에서 확인할 수 있다.

캔버스를 채우는 여백의 의미

나오시마

이우환 미술관

요즘 인생은 수저에 곧잘 비유되지만, 나는 도화지라는 표현이 더 좋다. 수저의 등급처럼 주어진 종이의 질은 날 때부터 다를 수 있다. 조금 구겨지거나 찢어졌을 수도 있고, 원하는 그림을 그리기에는 부적합할 수도 있다. 그러나 빈 종이를 자신의 의지대로 채울 수 있다는 사실은 삶을 희망차게 만든다. 고급 캔버스에 그렸다고 해서 무조건 뛰어난 작품이 되는 게 아니듯, 구겨진 담배 은박지 위에서도 세기의 명화가 탄생하는 것이 바로 그림, 혹은 인생의 묘미 아닐까.

정말 삶이 한 폭의 그림이라면, 한 군데도 빠짐없이 골고루 채움만이 정답은 아닐 것이다. 누구나 관심 있는 부분에 조금은 치우치기 마련이고, 어떤 곳은 끝내 공백으로 남기기도 한다. 나는 인생의 모든 즐거움을 누리기 위해 쉼 없이 달려가는 사람보다 조금 더뎌도 여유 있게 걸으며 주변 이들에게 곁을 주는 사람이 좋다.

그림을 볼 때도 마찬가지다. 종이의 맨살을 드러내지 않는 화려한 서양화를 보다가, 붓을 칠하지 않은 공간이 더 넓은 동양화를 만나면 긴장됐던 마음이 스르르 풀린다. 몰입도 훨씬 잘 된다. 미사여구를 덜어낸 담백함 덕분에 꽃 한 덤불, 호랑이 한 마리에 불과한 그림의 주제가 더욱 돋보이고, 광활한 여백을 내가 상상하는 계절과 풍경으로 마음껏 채울 수도 있다. 나오시마에서 '여백의 화가'라고도 불리는 현대 미술의 거장 이우환 화백의 작품을 보며, 나는 동양화를 감상할 때와 비슷한 편안함과 재미를 느꼈다. 그래서 이우환 미술관이야말로 베네세 아트 프로젝트 중 가장 동양적인 공간이 아닐까 싶다.

미술관은 베네세 하우스 뮤지엄과 지추 미술관 사이의 작은 골짜기에 자리한다. 입구에 있는 계단을 내려가다 보면 하늘로 우뚝 솟은 얇은 콘크리트 기둥이 가장 먼저 눈에 들어오고, 세토 내해를 배경 삼아 설치한 조각 작품도 하나둘 보이기 시작한다. 콘크리트 벽으로 둘러싸인 굽이진 통로를 한참 걸어가야 마침내 전시실이 나타난다. 회화를 좋아하는 내가 이곳에서 가장 황홀했던 순간은 이우환 화백을 대표하는 평면 작품으로 둘러싸였을 때였다.

붓에 파란 물감을 적셔 위에서 아래로 천천히 그어 내리기를 반복한 〈선으로부터(1974)〉는 밑으로 갈수록 희미해지는 선의 소멸을 나타내는 것 같기도 하고, 거꾸로 보면 솟아오르는 것처럼 보이기도 한다. 마치 심신을 수양하듯 일정한 간격으로 붓질하는 화백의 모습이 상상되어 마음이 정돈되는 기분이다. 또 각기 다른 방향으로 칠한 여섯 개의 검은 선이 기묘한 균형을 이루는 〈조응(1992)〉에서는 팽팽한 긴장감이 느껴진다. 각각의 짤막한 획이 당장이라도 봉인을 풀고, 흰 캔버스를 자유롭게 누빌 것 같다.

이처럼 보이는 것만 믿는 습관에서 벗어나 보이지 않는 풍경을 상상하게 되는 것이 여백이 가진 힘일 것이다. 원형적인 점과 선을 단순하게 배열한 이우환 화백의 그림은 내 쪽에서 말을 걸고 싶게 만드는 매력이 있다. 캔버스 밖으로 끝없이 생각을 팽창하다 보면 결국 그림보다 내 안의 세계를 탐험하고 있다는 사실을 깨닫게 된다. 어둡고 고요한 미술관을 나왔을 때 긴 명상에서 깬 듯한 기분이 드는 것은 그 때문이었는지도 모르겠다.

간혹 붓질 몇 번 하지 않은 듯한 이우환 미술관의 그림에 당황하거나, 작품 하나에 수십억을 호가한다는 사실에 '저런 건 나도 하겠다'라고 단언하는 사람들을 본다. 물론 사람마다 마음의 울림을 느끼는 작품은 다를 것이다. 그림에 담긴 화가의 철학이나 세계가 전혀 궁금하지 않을 수도 있고, 도무지 나와 맞지 않을 수도 있다. 그럼에도 불구하고 누군가의 창작물에 대한 존중만큼은 잊어서는 안 된다고 생각한다. 인생이 한 장의 도화지인 것처럼, 한 점의 그림은 한 사람의 생애와도 같으니까. 나와 삶의 방식이나 목표가 다르다고 해서, 그것을 틀렸다고 말할 수는 없는 것이다.

이우환 미술관을 나와 저절로 예술적 영감이 떠오를 것 같은
숲길을 걸었다

이우환 미술관 李禹煥美術館

주　　소　香川県香川郡直島町字倉浦1390

가 는 법　나오시마 미야노우라항宮浦港 또는 혼무라항本村港에서 마을
　　　　　버스를 타고 쓰쓰지소つつじ荘역에서 내린 뒤, 베네세 아트
　　　　　사이트 셔틀버스로 환승하여 이우환 미술관 도착

전화번호　087-892-3754

홈페이지　http://benesse-artsite.jp/en/art/lee-ufan.html

여행 팁

지추 미술관과 이우환 미술관은 약 도보 10분 거리에 있다. 셔틀버스를
기다리기보다, 나오시마의 푸른 자연을 만끽하며 걷기도 좋은 경험이 될
것이다.

예술의 집을 찾아가는 스탬프 랠리

나오시마

이에 프로젝트

어린 시절 나는 보물을 못 찾는 아이였다. 소풍을 가면 선생님이 나무나 바위틈에 하얀 쪽지를 숨겨 두고, 찾아온 학생에게 학용품이나 간식을 선물로 주곤 했다. 상품을 받기 위해 여느 학생들처럼 필사적으로 매달렸지만, 내가 더듬는 수풀 사이나 돌 밑에는 늘 아무것도 없었다. 다른 친구들이 하나둘씩 '찾았다'라고 탄성을 지르면 마음이 더욱 조급해졌다. 내가 이미 샅샅이 뒤졌다고 생각한 장소에서 누군가가 쪽지를 발견하면 더욱 약이 올랐다. 늘 빈손으로 돌아왔지만, 서른을 넘긴 지금도 가끔 보물찾기가 그리워지곤 한다. 어쩌면 별것 아닌 놀이에도 맹목적일 수 있었던 그 시절을 추억하고 싶은지도 모르겠다.

일본에서 유독 인기 있는 '스탬프 랠리'는 그런 향수를 자극하는 이벤트다. 가가와현에서는 우동 가게나 관광 명소에서 받은 도장을 모으면 특산품을 증정하는 '우동 패스포트'가 인기이며, 나오시마에도 비슷한 놀이가 있다. 바로 아기자기한 골목 곳곳에 숨겨진 예술 작품을 찾는 '이에 프로젝트'다. 이에家는 일본어로 '집'을 뜻하는데, 혼무라 지구에 있는 오래된 집을 개조하여 현대 미술 작품을 설치했기 때문에 붙여진 이름이다. 총 6개 작품을 포함한 공통 티켓에는 각 장소의 위치를 그린 지도와 간략한 소개, 그리고 도장을 받는 칸이 그려져 있다. 마치 보물 지도를 들고 모험을 떠나는 기분이다.

여정의 출발점인 혼무라 라운지 & 아카이브를 나서, 자신만만하게 길을 나섰다. 그런데 한동안 스마트폰 지도 앱에만 의존한 탓인지 방향을 도무지 파악할 수 없었다. 티켓을 들고 헤매는 나를 한 직원이 '여기예요'라며 불러 세워 주었는데, 그곳이 바로 내가 만난 첫 번째 보물, '고카이쇼룚会所'였다.

　고카이쇼 정원 한가운데는 1, 2월에 꽃을 피우는 동백나무 한 그루가 정갈하게 심겨 있고, 두 개의 방은 데칼코마니처럼 정확한 대칭을 이루고 있었다. 그런데 방 안을 들여다보니 오른쪽 방은 텅 비어 있고, 왼쪽 방에는 나무로 조각한 가짜 동백꽃이 바닥에 놓여 있다. 빨간색, 흰색, 분홍색, 그리고 그 모든 색이 뒤섞인 꽃도 있어 눈이 즐겁다. 정원에 있는 진짜 동백나무도 겨울이 되면 형형색색의 꽃망울을 터뜨린다고 한다. 자연 그대로의 꽃과 인간이 만든 꽃이 진짜와 가짜의 대비를 이루고, 동백꽃이 다다미에 흩뿌려진 방과 아무것도 없는 방은 유有와 무無의 대조를 나타낸다. 이곳을 만든 아티스트 스다 요시히로가 많은 꽃 중 동백꽃을 선택한 이유는 모르지만, 마침 내가 가장 좋아하는 꽃이기에 낯선 여행지에서 예상치 못한 선물을 받은 기분이 들었다.

　"이다음에는 미나미데라南寺에 가 보는 게 어때요?"

　아직 어디에 갈지 정하지 못했다고 하니, 안내원이 추천을 해

주었다. 원래 절이 있던 공터에 안도 다다오가 새 건축물을 짓고, 그 속에 빛의 예술가 제임스 터렐의 작품 〈달의 뒤편〉을 설치했다. 이곳에 숨겨진 보물은 다름 아닌 암흑 속에서 발견하는 빛이다.

휴대폰을 비롯해 빛이 새어 나올만한 모든 전자기기를 끄고 칠흑 같은 어둠 속으로 걸어 들어갔다. 직원의 안내에 따라 손을 벽으로 더듬으며 한참 걸었다. "어둠을 잘 못 견디시나요?"라는 말에 "딱히 그렇지는 않아요" 라고 대답했지만 사실 나가고 싶을 정도로 두려웠다. 눈앞에 무엇이 있을지 모르는 공포. 가장 의지하던 시각이 사라지니 심장이 쿵쾅댄다. 얼마나 걸었을까, 직원이 자리에 앉아 맞은편을 응시하라고 한다. 5분쯤 지나면 무언가 보일 거라고. 한참이 지나도 깜깜할 뿐이어서 보이는 척이라도 해야 하나 싶었을 때, 부유스름한 직사각형 스크린이 서서히 모습을 드러냈다. 그곳을 향해 걸어가 정체를 살펴보니, 희미한 빛으로 채워진 공허한 공간이다. 손가락으로 만지려 해도 힘없이 공중을 부유할 뿐이다. 버튼 하나로 불을 켜고 끄는 세상에서 이토록 간절히 빛을 탐색하는 일이 참 오랜만이었다.

미나미데라를 나와 걸으며 아기자기한 그림이 그려진 담벼락과 문 앞에 놓인 공예품을 구경했다.

"이름은 미미예요. 그 집에서 기르는 고양이랍니다."

목소리의 주인 역시 이에 프로젝트의 안내원이었다. 작품 바로 건너편 집에 사는 고양이 미미와 잠시 인사를 나누고, 카도야角屋로 들어가 미디어 작가 미야지마 타츠오의 〈시간의 바다 '98〉을 감상했다. 오래된 전통 가옥의 거실 다다미를 들어낸 자리에 물이 얕게 고여 있는데, 그 안에서 수십 개의 LED 숫자판이 1에서 9까지 바뀌며 몽환적으로 점멸한다. 숫자가 올라가는 속도는 섬 주민들이 직접 설정했기에 저마다 천차만별이다. 나만의 숫자판이 고유한 속도로 영원히 반짝인다는 것은 얼마나 멋진 일일까.

뒤이어 낡은 신사를 개조한 아티스트 스기모토 히로시의 '고오진자護王神社', 대저택에 일본화 작가 센주 히로시의 〈폭포〉 시리즈를 전시한 '이시바시石橋', 그리고 치과 의사의 집을 현대 미술

가 오오타게 신로의 괴짜다운 공간으로 탈바꿈한 '하이샤はいしゃ, 치과의사'를 찾아가 도장을 받았다. 작품마다 작가의 개성을 충분히 드러내면서도 나오시마의 삶과 문화를 잇고 있다. 내버려 두었다면 으슥한 폐가로 전락하고 말았을 집에 또 다른 생명과 가치를 선물한 것이다. 마을 사람들은 그 주변에서 여느 때처럼 밥을 짓고 고양이를 기르며 평온한 일상을 산다. 그리고 세계 각지에서 찾아온 관광객을 맞이하고 안내하는 일거리가 생겨 생활에 활력을 얻은 듯하다. 이와 같은 기적을 일궈 낸 프로젝트야말로 나오시마의 진정한 보물이 아닐까. 혼무라에서 즐긴 예술 탐방은 어린 시절 같은 설렘을 주는 서른 살의 보물찾기였다.

이에 프로젝트의 배경인 혼무라는 2층을 넘지 않는
옛날식 집이 대부분인 고즈넉한 동네다

마을 곳곳에는 아티스트 이시카와 카즈하루가 털실로 그린
작품을 만날 수 있다

혼무라 라운지 & 아카이브

주　　소　香川県香川郡直島町850-2

가 는 법　나오시마 미야노우라항宮浦港에서 나오시마 마을버스를 타고
　　　　　노코마에農協前역에서 내린 뒤 혼무라 라운지 & 아카이브까지
　　　　　도보 1분 또는 나오시마 혼무라항本村港에서 도보 2분

전화번호　087-840-8273

홈페이지　benesse-artsite.jp/art/arthouse.html

여행 팁

이에 프로젝트의 공통 티켓에 포함되지 않은 '긴자ぎんざ'에는 나이토
레이의 작품 〈이것을〉이 전시되어 있으며 예약 및 이용 방법은 같은
홈페이지를 통해 확인할 수 있다.

혼무라 골목 사이사이에 숨은 기념품 가게와 카페, 식당을 찾는 재미도
쏠쏠하다. 유명 맛집으로는 방어 튀김 패티를 넣은 수제 햄버거 가게
마이마이버거, 정갈한 현미밥 정식을 제공하는 아이스나오, 오므라이스로
유명한 나카오쿠가 있다.

살아 움직이는 물방울의 즉흥 예술

데시마

데시마 미술관

나는 여행의 즉흥성을 사랑한다. 촘촘하게 짠 계획을 보란 듯
이 헝클어뜨리는 변수와 늘 우연을 가장하고 나타나는 선물 같은
발견처럼, 내 예상을 무너뜨리는 놀라움과 환희를 마주할 때 비로
소 여행이 여행다워진다고 믿는다. 그렇기에 가끔은 낯선 도시에
서 무엇을 할지 계획하기보다, 순간순간 떠오르는 생각이 하루를
채우도록 내버려 둔다.

이를테면, 다카마쓰의 오래된 카페에서 아침을 먹다 문득 데
시마 미술관에 가야겠다는 생각이 들어 페리 시간표를 검색해 보
는 일, 그리고 30분 후 떠나는 배를 타기 위해 뜨거운 커피를 단숨

에 들이켜고 부랴부랴 택시를 잡아 항구로 향하는 일 같은 것이다.

다카마쓰항에서 출발을 준비하고 있던 고속 페리에 겨우 올라 35분 만에 데시마 이에우라항에 도착했다. 아트 프로젝트의 본거지 나오시마보다 한결 호젓한 분위기가 마음에 들었다. 굽이진 언덕과 계단식 논이 있고 고개를 돌리면 그 자리에 있는 세토내해의 잔잔함도 색다른 운치를 자아냈다.

풍요로운 섬이라는 뜻인 데시마豊島 한가운데에는 단야마라고 불리는 해발 330m의 산이 솟아있다. 비가 내리면 이곳에 물이 고였다가 마을로 흘러내리는데, '데시마돌豊島石'이라고 불리는 부드러운 응회암과 단단한 안산암이 물을 정화해준다. 덕분에 농사지을 물이 풍부해 세토내해 섬 중에서는 드물게 오래전부터 벼농사를 지어 왔으며, 낙농업도 발달했다. 그뿐만 아니라 유자와 딸기를 비롯한 과일, 바다에서 자라는 해산물까지 풍부해 이름 그대로 사람 살기 좋은 비옥한 섬인 셈이다.

이토록 축복받은 섬에도 아픔은 있었다. 인근 대도시에서 1975년부터 15년 동안 산업 폐기물을 불법 투기한 것이다. 이 사건이 알려지면서 섬 정화 운동이 본격적으로 시작됐지만, 워낙 방대한 규모였기에 '쓰레기 섬'이라는 오명을 쓰게 되어 농수산업이 큰 타격을 입었다. 생계를 위해 섬을 떠나는 주민이 점점 늘어났다. 그러던 2010년, 데시마 미술관이 문을 열고, 같은 해에 세토우치 국제 예술제가 열리자 관광객이 버려진 섬을 찾아오기 시작했다. 섬에 대한 인식이 바뀐 것은 물론이다. 예술이 섬사람들에게 고향을 되찾아 준 것이다.

이에우라항에서 셔틀버스를 타고 도착한 데시마 미술관의 첫인상은 잔디밭에 지은 새하얀 이글루 혹은 산기슭에 떨어진 우주선을 연상시켰다. 티켓 카운터에서 표를 사고, 정해진 산책로를 따라 걸었다. 나무 사이에 곱게 깔린 새하얀 길을 걷다 보니 금세 미술관 입구가 보였다. 사진을 찍거나 큰 소리를 내지 말아 달라는 직원의 당부에 고개를 끄덕이고, 신발을 벗은 채 차가운 콘크리트 동굴 속으로 조심스럽게 걸어 들어갔다. 데시마 미술관은 최고 높이가 4.5m밖에 되지 않는 곡면 형태로, 고즈넉한 주변 풍경과 이질감 없이 어우러진다. 환경과의 조화를 중요시하는 건축가 니시자와 류에의 구상이다. 그런데 미술관이라는 이름과 달리 액자에 담긴 그림은 하나도 걸려 있지 않은데, 대신 하늘을 향해 커다란 구멍 두 개가 뚫려 있다.

그렇다면 관람객은 무엇을 봐야 할까. 수없이 많겠지만 먼저 구멍 사이로 보이는 푸른 하늘과 나무의 정수리를 본다. 실내·외의 경계가 없다 보니, 길을 잃고 미술관에 들어오는 풀벌레와 낙엽, 그리고 신선한 바람을 맞이할 수 있다. 새하얀 여백 속에 존재하는 충만한 생명을 느낀다. 바닥에 앉아 느긋하게 관람할 것을 추천하는데, 자리를 잡기 전에 혹시 물방울이 지나다니는 길이 아닌지 확인해야 한다. 바닥에 뚫린 작은 구멍에서 몽글몽글 솟아오르는 물방울이 미술관 여기저기를 뱀처럼 활보하기 때문이다. 물방울이 순백의 콘크리트에다 즉흥적으로 그림을 그리고 있었다. 그 과정에서 다른 물방울을 만나 굵어지기도 하고 힘없이 흩어지기도 한다. 그러고는 고인 물을 만나 작은 샘을 이루거나 빈 구멍에 빨려 들어가 소멸한다. 눈으로 보고 있지만, 믿기지 않는 광경이다.

수동적인 존재로 여겨지는 물에 생명을 불어넣은 사람은 현대 미술가 나이토 레이다. 햇빛과 구멍, 물의 속도와 그 관계를 치밀하게 계산하고 수없이 실험한 결과다. 작은 콘크리트 구멍에서 태어나 관계를 맺고, 무리에 소속되었다가, 결국 무無로 돌아가는 물방울의 짧은 생애는 인간의 삶과 다를 바 없어 보인다. 또한, 이 글루나 우주선으로만 보였던 데시마 미술관이 갓 태어난 물방울의 형태와 흡사하다는 사실도 이내 깨달았다.

데시마 미술관은 아무리 낮은 소리라도 크게 증폭시키는데, 평소처럼 가방을 바닥에 툭 하고 내려놓았다가 소리가 천둥같이 울리는 바람에 얼굴이 뜨거워졌다. 미술관 바닥을 구르는 벌레의 날갯짓도 요란하기 그지없는데, 쏟아지는 비와 눈은 과연 어떤 소리로 공명할지 궁금할 따름이있다. 시시각각 변히는 공간에서 자연의 생명력은 무엇보다 역동적이었으며, 그 안에서 내가 살아있다는 사실이 어느 때보다 명확하게 느껴졌다.

관람을 마친 뒤에는 바로 옆에 있는 카페를 그냥 지나칠 수 없었다. 데시마 미술관과 비슷한 모양으로 지었기에 역시나 둥근 벽면에 구멍이 하나 뚫려 있는데, 미술관에서와 달리 유리가 끼워져 있다. 닫힌 공간을 받아들이는 감각이 잠깐 사이에 변했는지, 그 모습이 새삼 답답해 보였다.

미술관을 나오자 끼니때가 한참 지나 있었다. 데시마의 유명한 식당인 시마키친이나 우미노레스토랑에 가려고 했지만 야속하게도 지갑에는 백 엔짜리 동전 몇 개뿐이었다. 일본에서는 교통 시설이나 상점, 식당에서 카드를 사용할 수 없는 경우가 많아 현금을 미리 준비해두어야 하는데, 아침에 급하게 오느라 지갑을 확인하지 못했다. 순간적인 결정에 따른 가혹한 대가였지만 아무래도 좋았다. 다카마쓰항으로 일찍 돌아가면 그만큼 새로운 여행지에 갈 여유가 생기는 데다, 지금이 내 인생의 마지막 데시마가 아닐 것이라는 확신이 들었으니까. 매 순간 변하는 햇빛과 바람에 맞춰 흐름을 달리하는 미술관의 물방울처럼, 그때그때의 상황과 감흥에 충실한 나의 여행 스타일은 당분간 바뀌지 않을 것 같다.

데시마 이에우라항은 마치 작은 교회 건물과 닮았다

산과 바다, 논밭이 어우러진 데시마의 풍경에는
푸근하면서도 호젓한 정서가 느껴진다

데시마 미술관 豊島美術館

주　　소　香川県小豆郡土庄町豊島唐櫃607

가 는 법　데시마 이에우라항家浦港 또는 가라토항唐櫃港에서 데시마 셔
　　　　　　틀 버스 탑승 후 비주쓰칸마에美術館前역에서 하차

전화번호　0879-68-3555

홈페이지　benesse-artsite.jp/art/teshima-artmuseum.html

여행 팁

셔틀버스나 자전거로 데시마를 한 바퀴 돌며 데시마 미술관을 비롯해
섬 곳곳에 있는 설치 작품을 만나보자. 경사진 길이 많으므로 일반
자전거보다는 전동 자전거를 대여하는 편이 낫다.

Part 3

워킹 테라피 : 자꾸만 걷고 싶은 길

길에서 두 다리를 움직일 때마다 어딘가로부터 떠나지 않으면 다른 곳으로 향할 수 없다는 사실을 절감한다. 일상에서 벗어나지 않으면 여행을 할 수 없고, 과거를 잊지 않으면 미래로 나아갈 수 없으며, 마음을 번잡하게 하는 일을 떨쳐 내지 않으면 평온을 찾을 수 없다.

오로지 한 걸음씩 앞으로만 내딛는 걷기라는 동작은 그래서 명상이기도 하고, 순례이기도 하고, 치유이기도 하다. 마지막 장에서는 가가와현에서 찾은 나만의 워킹 테라피 명소를 실었다. 준비물은 편한 옷과 걷기 좋은 신발, 수분을 보충할 물, 그리고 한여름이라면 모자와 손수건 정도면 충분하다.

옛 영주의 낙원을 걷다

다카마쓰

리쓰린공원

오랜 세월을 함께한 사람에게 서서히 물드는 것처럼, 같은 길을 여러 번 걸으면 나도 모르게 그 풍경을 닮게 될까. 그렇다면 나는 리쓰린공원을 걸으며 그 격조 높은 정취를 닮고 싶다.

공원의 장엄한 배경이 되어 사시사철 짙은 녹음을 선사하는 시운산의 절개, 전체 면적이 75만㎡에 이를 정도로 광활하지만 한 치 흐트러짐 없는 기품, 한 걸음 내디딜 때마다 경치가 바뀌어 '일보일경一步一景'이라 부른다는 빼어난 미색, 그리고 산책하는 이의 동선을 미리 계획하고 준비한 사려 깊음까지. 공원에도 성격이 있다면 리쓰린공원은 내 이상형에 가깝다. 그 품격과 가치를 인정받아 일본 문화재보호법에 따라 특별 명승지로 지정되었으며 세계적인 여행안내서 미쉐린 그린가이드 일본 편에서는 최고 평가인 별 세 개를 거머쥐었다.

리쓰린공원은 에도 시대1603~1868 초기인 1642년부터 백여 년에 걸쳐 지어졌다. 총 6개의 연못을 따라 산책하며 곳곳에 마련된 정자와 13개의 인공 산, 잘 다듬은 산수山水를 유유자적 즐기는 방식이다. 이런 정원 양식을 '지천회유식池泉回遊式'이라고 부르는데, 옛 지방 영주가 산책길에 원하는 풍경을 입혀 두고 사교의 장으로 활용하곤 했다. 그들만의 작은 낙원이었던 셈이다. 리쓰린공원 역시 다카마쓰를 대대로 다스리며 막대한 권력과 부를 거머쥐었던 마쓰다이라 가문이 1745년에 완성하여 수백 년 동안 별장으로 사용했다. 일반인에게 공개된 것은 그리 오래되지 않은 1875년. 마치 비밀의 정원처럼, 바깥세상이 급변하는 동안에도 과거의 영화에만 시간이 멈추어 있었다.

리쓰린공원에서 추천하는 정식 산책법은 이렇다. 공원을 산책하는 코스는 크게 '북쪽 정원 산책 코스'와 '남쪽 정원 산책 코스' 두 가지가 있다. 둘 중 하나를 선택, 입구에서 나누어 주는 팸플릿 속 지도를 시우산을 향해 펼쳐 들고 걷는다. 현대적인 분위기인 북쪽 정원의 대표적인 볼거리는 잔디광장과 꽃창포원, 오리 사냥터다. 일본의 고전적인 정취가 가득한 남쪽 정원에서는 난코 연못에서 뱃놀이하거나 곳곳에 세워진 다실에서 전통차를 즐기기 좋다. 정해진 두 코스를 전부 걷는 데는 두 시간 가까이 걸린다.

다카마쓰에서 지내는 동안 리쓰린공원을 세 번이나 방문했지만 사실 한 번도 이 추천 코스대로 걸어 보지 못했다. 처음 갔을 때는 한 일본인 할아버지가 집요하게 말을 걸며 식사를 권하거나 개인 연락처를 물어보는 탓에 도망치듯 공원을 빠져나왔다. 두 번째 갔을 때는 공원 안에서 일본 전통의상인 유카타를 빌려 입었는데 옷과 함께 빌린 나막신이 너무 불편해 15분 이상 걸을 수 없었다. 마지막에는 편한 신발과 바지로 단단히 무장하고 갔지만, 가만히 있어도 땀이 쏟아지는 한여름 무더위에 비장한 각오가 꺾이고 말았다. 하지만 정식 산책 코스를 따르지 않고 공원을 자유롭게 활보한 덕분에 나만의 지름길 코스가 탄생할 수 있었다.

나는 북쪽 공원은 그날 마음 가는 만큼만 걷고, 남쪽으로 세이코 연못을 따라가다 오케도이노타키桶樋滝라는 인공 폭포 앞에 앉아 물줄기를 바라보는 것이 좋았다. 지금은 윗물이 자동으로 채워지지만, 옛날에는 사람이 직접 물을 산 중턱까지 운반해 영주가 지나갈 때에 맞춰 흘러내리게 했다고 한다. 쉴 새 없이 떨어지는 폭포수를 보고 있으면, 오로지 한 사람의 시각적 즐거움을 위해 물을 채우고 내려보내기를 반복했을 작업의 고단함이 느껴진다. 그 일꾼의 눈에는 속절없이 흐르는 폭포수가 얼마나 야속했을까.

오케도이노타키에서 동쪽으로 조금 내려오면 리쓰린공원에서 가장 인기 있는 다실 기쿠게쓰테이掬月亭가 나온다. 직사각형 다다미 마루와 미닫이식 문이 규칙적으로 늘어서 있어 정갈하고 고요한 운치가 감돈다. 입구에서 차를 주문해야 들어갈 수 있는데, 녹차 가루를 저어 만든 맛차抹茶와 잎으로 우린 센차煎茶 중에 선택할 수 있다. 센차는 우리나라에서도 흔히 마시는 녹차와 비슷하기에, 표면에 촉촉한 거품이 일고 떫은맛이 덜한 맛차를 추천하고 싶다. 차에는 곁들여 먹을 만주나 화과자도 나온다. 쌉쌀한 한 모금에 달콤한 한 입을 번갈아 즐기다 보면, 이곳에서 차를 맛있게 마시려고 리쓰린공원을 걸은 것이 아닐까 하는 생각이 든다.

기쿠게쓰테이의 이름은 '두 손으로 물을 뜨니 달이 손안에 있다掬水月在手'는 당나라 시구절에서 따왔다고 한다. 먼 옛날 리쓰린공원의 주인은 그 이름처럼 연못에 비친 달을 바라보며 망중한을 즐겼을 것이다. 낮에 달구경은 할 수 없지만, 마루에 가만히 앉아 있으면 잎사귀에 부서지는 햇살과 신선한 바람, 그리고 새와 풀벌레 소리가 도시 생활에 무뎌진 감각을 일깨운다. 다다미에 벌렁 누워 한숨 자고 싶어지는 것도 무리는 아니다.

게으름의 유혹이 파고들 때, 자리를 훌훌 털고 일어나 본다. 아직 산책의 클라이맥스가 남아 있기 때문이다. 둥근 엔게쓰교와 짧은 돌다리를 건너, 후지산을 본 떠 만들었다는 히라이호 봉우리에 올라가면 난코 연못이 한눈에 들어오는 그림 같은 풍경이 펼

열린 문 사이로
액자 속에 담긴 듯한 리쓰린공원의 경치가 눈에 들어온다

다다미에 앉아 얼음을 띄운 말차에
화과자를 곁들여 먹으며 여유를 만끽했다

처진다. 리쓰린공원을 대표하는 전망이다. 이 풍경에 봄에는 벚꽃, 여름에는 신록, 가을에는 단풍, 그리고 겨울에는 눈꽃이 색을 덧입힌다. 주말에는 관광객이 탄 배가 오가며 생동감을 더하기도 한다.

이제 봉우리에서 내려와 출구를 찾아 나가는 것으로 나만의 작은 여정은 막을 내린다. 30분을 걷고 30분을 쉬는 한 시간짜리 코스인데, 함께한 지인은 모두 흡족해했다. 다만, 리쓰린공원은 정해진 경로를 따라 걸을 때 가장 아름답고 완전하도록 설계되었으므로 시간과 체력이 충분하다면 정식 코스에 도전해 보기를 바란다.

에도 시대 권력가의 낭만과 이상이 현실화된 리쓰린공원은 모든 것이 빨리 변화하는 도시의 삶을 잠시 잊게 만든다. 현재를 살며 미래를 내다볼 수 없는 것처럼, 한번 잃어버린 과거의 정취도 똑같이 되살릴 수 없다. 그래서 이토록 정성스럽게 보존된 고전적인 아름다움은 선인先人이 자손에게 남긴 선물인지도 모른다. 하지만 공원 안에서 끊임없이 소생하는 꽃과 화분 속 분재처럼 단

히라이호 봉우리에서 내려다보는 리쓰린공원 최고의 전망
관광객을 태운 나룻배 한 척이 난코 연못 위를 부유하고 있다

정하게 손질된 천 그루의 소나무, 그리고 물속을 유유히 헤엄치는 잉어와 자라를 보고 있으면 결국 이곳의 영원한 주인은 사람이 아니라 자연밖에 없다는 생각이 든다. 역사 속 마쓰다이라 가문도, 오늘날의 다카마쓰 시민도 한정된 생애 동안만 이곳을 즐기다 떠난다는 사실은 나와 같은 여행객과 별반 다를 바 없기에……

리쓰린공원을 세 번째 방문한 날,
연못에 만개한 수련을 처음으로 볼 수 있었다

리쓰린공원 栗林公園

주　　　소	香川県高松市栗林町1-20-16
가 는 법	고토덴 고토히라선 리쓰린공원역에서 동문까지 도보 10분
전화번호	087-833-7411
홈페이지	www.my-kagawa.jp/ko/ritsurin

여행 팁

무료로 공원을 안내해주는 자원봉사자들이 상시 대기하고 있으며 운이 좋으면 영어나 한국어를 구사하는 봉사자를 만날 수 있다.

리쓰린공원 남쪽 정원은 '와센和船'이라고 불리는 나룻배를 타고 돌아볼 수도 있다. 리쓰린공원에 입장하지 않아도 이용할 수 있는 기념품 가게인 '가가와물산관 리쓰린안'은 가가와현 특산품과 우동 세트, 올리브 제품, 공예품, 과자, 신선식품 등을 한 데 모아 두었다. 제품군이 다양하고 다른 곳에 없는 오리지널 상품도 다수 판매한다.

봄이나 가을에 리쓰린공원을 찾는다면 연 2회 열리는 야간 개장 기간을 노려보자. 벚꽃과 단풍이 절정에 이르는 3~4월 혹은 11~12월에 개최하며, 정확한 날짜는 매년 다르다.

절을 지키는 너구리 수호신

다카마쓰

야시마지

"시코쿠에는 순례를 하러 가시나요?"

시코쿠 지방 네 개 현 중 하나인 가가와에서 한 달을 지낸다
고 하니, 도쿄에서 알고 지내던 일본 사람들이 똑같은 질문을 한
다. 그도 그럴 것이, 많은 일본인에게 시코쿠는 1,142km를 거쳐
도쿠시마현, 에히메현, 고치현, 가가와현을 잇는 총 88개 사찰을
도는 불교 수행인 '오헨로ぉ遍路'로 가장 잘 알려져 있다. 친구와
직장 동료, 유학 시절 은사님까지 언젠가 여유가 생긴다면 꼭 그
길을 걸어보고 싶다고 입을 모은다.

도대체 그 매력은 무엇일까. 천 년이 넘게 이어져 온 전통인 오헨로는 일본 불교 종파 중 하나인 진언종의 창시자 고보 대사의 발자취를 좇는다. 서기 800년경 고보 대사가 해안가를 따라 시코쿠 전역을 순회하며 가르침을 전파했고, 훗날 그 길 곳곳에 사찰이 세워졌다. 순례자들은 보통 머리에 삿갓을 쓰고, 손에는 지팡이를 들고, 수의를 뜻하는 흰 상의를 입은 채 1번부터 88번까지 번호가 매겨진 사찰을 차례대로 방문한다. 최소 한 달에서 두 달 이상 걸리는 여정이다. 자연이 충만한 길을 빈손으로 걸으며 여느 때보다 자유롭게 사유하고, 고행 속에서 오히려 삶에 대한 애착을 키울 수 있을 것 같다. 그러나 매일 숙소를 옮겨 다니고 노숙까지 불사할 각오는 좀처럼 서지 않는다.

가가와현에는 고보 대사가 태어난 75번 젠쓰지善通寺부터 순례를 마무리하는 88번 오쿠보지大窪寺까지 총 23개 사찰이 있다. 그중 종교적 의미뿐 아니라 여행지로서도 매력 있는 곳을 꼽으라면, 당연히 84번 사찰이자 천연 전망대이기도 한 '야시마지'다. 고보 대사가 815년에 방문했다는 이곳은 해발 293m인 야시마屋島산 정상에 있다. 오헨로를 체험하기 위해서는 등산로를 이용해야

겠지만, 마침 도쿄에서 놀러 온 지인이 운전을 해주어 다음을 기약했다. 변명하자면, 시코쿠를 순례할 때 여건에 따라 자동차나 자전거, 대중교통 등을 이용해도 괜찮다고 한다.

고보 대사의 참 제자라면 야시마지 대사당에 있는 고보 대사 상이나 본당에 모셔진 대불상을 보고 감명을 받을지도 모른다. 하지만 나는 그 사이를 지키는 거대한 너구리 부부 상에게 시선을 빼앗겨버렸다. 아들 옆에 선 아빠 너구리와 아이에게 젖을 먹이는 엄마 너구리는 엄숙할 것만 같은 사찰에 귀여운 반전을 선사한다.

일본 전래 동화에서 너구리는 인간이나 사물로 둔갑해 장난치기 좋아하는 영험한 동물로 등장한다. 야시마지에는 그중에서도 특히 요술이 뛰어나 시코쿠에서 대장 노릇을 했던 너구리가 살았는데, 고보 대사가 산속에서 길을 잃었을 때 노인으로 변신해 도와주었다고 한다. 그 덕분에 '다사부로太三郎'라는 수호신이 되어 야시마지에 모셔졌다. 다사부로는 가정의 화목을 상징하기에, 야시마지에 있는 아빠 너구리 상의 고추를 만지면 혼자인 사람은

야시마 등산로를 걸어 올라왔을 때 보이는 야시마지 입구

너구리 부부 사이에 위치한 빨간 도리이鳥居를 통과하면
다사부로 너구리가 깃들어 있다는 미노야마즈카蓑山塚가 나온다

결혼할 인연을 찾고, 부부는 자식을 낳으며, 가족이 행복해진다는 이야기도 전해진다. 나는 그 사실을 모르고 지나쳤지만, 설사 알았더라도 민망함에 쉽사리 손을 뻗지 못했을 것이다

숙소로 돌아와 너구리에 대해 알아보다 지브리 애니메이션 《폼포코 너구리 대작전(1994)》을 빌려 보게 되었다. 줄거리는 대강 이렇다. 1960년대 도쿄 외곽에 신도시를 건설하면서 숲속에서 평화롭게 살던 너구리에게 시련이 닥친다. 삶의 터전인 산을 하루아침에 벌거벗기고 무너뜨리는 인간을 막기 위해 너구리는 오랫동안 잊고 지냈던 변신술을 되살린다. 야지마지의 다사부로는 이들을 돕기 위해 시코쿠에서 올라오는 너구리 스승의 모티브가 되는데, 인간에게 화려한 변신술을 보여주면 고향에서처럼 존경을 얻고 공사도 중단할 것이라고 믿는다. 요술로 인간을 해치는 대신 평화로운 길을 모색한 것이다. 너구리들은 오랜 수련 끝에 환상적인 퍼레이드를 펼치지만 인간의 음모로 한낱 해프닝으로 끝나고 만다. 희망을 잃은 너구리들이 뿔뿔이 흩어져 인간 틈에 섞여 들어가거나, 종교나 향락으로 도피하거나, 쓰레기통을 뒤지며 근근이 살아가는 모습은 가슴 먹먹한 여운을 남긴다.

애니메이션 후반부에는 도시로 변해버린 숲을 보고 너구리들이 눈물을 흘리는 장면이 나온다. 그때 내 머릿속에서 야시마 산 정상에서 본 전망이 교차하여 어쩐지 씁쓸해졌다. 물론 소도시인 다카마쓰는 자연이 잘 보존된 편이다. 낙타 언덕 같은 산들은 서로를 부둥켜안은 채 시선이 닿지 않는 먼 곳까지 이어지고, 한두 개의 랜드마크를 제외하면 고층 빌딩도 드물다. 그러나 자연을 갉아 먹지 않고 세워지는 도시는 없듯이, 천 년 전 고보 대사가 보았을 다카마쓰의 풍경에 비하면 지금의 모습은 황량한 콘크리트 덩어리에 지나지 않을지도 모른다.

삶을 지탱해주는 모든 것을 배낭 하나에 담아 노숙도 마다하지 않은 채 두 발로 걷는 오헨로는 도시의 편리함에서 벗어나는 훈련이 될지도 모르겠다. 다음에 다사부로 너구리를 만나러 야시마지를 방문할 때는 나 역시 순례자가 되어보고 싶다. 그 길에는 고보 대사가 목이 말라 기도하자 기적처럼 솟아올랐다는 샘과 그가 바위에 직접 새긴 글씨, 그리고 욕심 많은 나무 주인 때문에 저주를 받아 열매를 맺지 못하게 된 배나무도 있다고 한다. 다사부로가 노인의 모습으로 둔갑해 안개 속에서 헤매던 고보 대사를 인도한 길도 이 등산로가 아닐까. 동행이인同行二人. 순례자의 걸음마다 고보 대사가 함께한다는 의미지만, 야시마지에서만큼은 너구리 수호신을 옆에 두고 싶다.

야시마 전망대에서 감상하는 노을

야시마지 屋島寺

주　　소　香川県高松市屋島東町1808

가 는 법　등산로 이용 시 고토덴 시도선 야시마역에서 하차 후 도보
약 40분 또는 JR 도쿠시마선 야시마역에서 하차 후 도보 약
50분. 야시마산조 셔틀버스 이용 시 고토덴 야시마역에서
약 10분 또는 JR 야시마역에서 약 20분.

전화번호　087-841-9418

홈페이지　www.88shikokuhenro.jp/kagawa/84yashimaji

여행 팁

시코쿠 88개 사찰을 순례하는 사람 역시 '오헨로 씨'라고 부른다.
현지인은 길에서 이들을 만나면 약간의 경비나 간식을 선뜻 쥐어주곤
하는데, 이 풍습을 '오셋타이お接待'라고 한다. 순례자에게 선의를 베풂으
로써 덕을 쌓는다고 믿는 것이다.
야시마 시시노레이간 전망대獅子の霊巌展望台에서는 건강을 기원하며 작은
접시 모양의 토기를 날리는 '가와라케나게かわらけ投げ'도 경험할 수 있다.
야시마에 있는 다른 명소로는 민속박물관인 시코쿠무라, 산꼭대기에서
돌고래와 펭귄을 기르는 뉴야시마수족관, 고급 료칸과 프렌치 레스토랑이
위치한 오베르주 드 오이시, 온천시설인 야시마 제일 건강랜드 등이 있다.

빨간 등대와 나이 든 사진사의 추억

다카마쓰

세토시루베

　나지막한 울타리를 따라 바다 위를 걷다 보면 행복에 가까워지는 기분이 든다. 바다 내음을 머금고 살랑살랑 부는 바람과 살굿빛으로 물들어가는 하늘은 어독을 씻어내리기에 충분하다. 가끔 그 길에는 기타를 든 거리 음악가가 직접 만든 곡을 연주하거나, 교복 입은 어린 학생들이 삼삼오오 앉아 서로 이야기를 나누기도 했다. 낚시나 조깅으로 하루를 마무리하는 이들도 보였다. 잔잔한 세토내해를 바라보며 하루를 마무리할 수 있는 그들의 일상이 그저 부러울 따름이었다.

이 길을 한 번 걷기 시작하면, 다카마쓰항 방파제 끝에서 붉게 빛나는 등대 '세토시루베'까지 다녀오곤 했다. 오래전 콘크리트 등대가 있던 자리에 1998년 새롭게 태어난 세토시루베는 등탑 전체가 빛나는 유리 등대로 세계적으로도 유례가 없다고 한다. 외벽을 두르는 19cm 정사각형 유리 블록 1,600개가 내부 조명을 투과하여 은은한 선홍빛을 내뿜고, 꼭대기에서는 빨간 불이 천천히 깜빡이며 항구의 위치를 알린다. 24km 밖에서도 보인다는 14.2m 높이의 등불은 집이 가까워졌음을 알리는 안도감, 혹은 그리움의 빛일 것이다.

등대 앞에는 매번 다른 사람들이 자리를 지키고 있었다. 어느 날에는 삼각대에 DSLR 카메라를 올려 둔 노신사들이 한창 촬영 중이었는데, 그 옆에서 내가 조심스럽게 미러리스 카메라를 꺼내자 그중 한 명이 관심을 보이며 말을 걸어왔다. 렌즈를 바꿔 끼우는 조그마한 사진기가 신기한 듯 요리조리 관찰하다가 대뜸 내게 "당신은 사진을 찍어서 어디에 쓰나요?"라고 물었다. 여행길에 들고 다니며 풍경이나 음식을 담아 SNS에 올리거나 컴퓨터에 보관한다고 답하자, 쓸쓸한 표정으로 고개를 끄덕인다. 어색한 침묵

붉게 빛나는 세토시루베 뒤로
섬을 오가는 배가 바쁘게 지나다닌다

을 깨려 "사진 찍으신 지 오래되셨나요?"라고 물으니, 싱긋 웃으며 한평생 사진관을 운영해왔다고 답한다.

"카메라죠시カメラ女子, 사진 찍는 것이 취미인 여성을 일컫는 말가 처음 유행할 때는 도쿄로 강의를 나가면 숙박이랑 교통비까지 다 주고 그랬어요. 그런데 이제는 다들 카메라가 한 대씩 있고 스마트폰 화질도 좋아진 데다가, 어차피 페이스북이나 인스타그램에 한 번 올리고 나면 그만이더군요. 우리처럼 옛날식으로 찍어서 인화하는 사람들은 먹고살기 힘들지요."

아날로그 시대를 살아온 사진사의 고충을 위로할 말이 좀처럼 떠오르지 않았다. 다양한 보정 기능이 생겨나면서 누구나 손쉽게 그럴싸한 사진을 얻을 수 있게 됐지만, 그만큼 한 장의 사진에 오랫동안 공들일 필요가 없어진 것이 사실이니까. 안타까운 표정을 짓던 내게 인심 쓰듯 등대 위에 불이 3초간 들어오니 그때 사진을 찍으라거나, 뒤쪽에 배가 지나갈 때 장노출로 촬영하라는 팁을 주셨다. 그 말대로 따라 해보았지만, 생각처럼 근사한 사진을 얻을 수 없었다.

한참 사진 찍기에 열중하다 정신을 차리고 보니 어느새 주위가 어둑해져, 사진사에게 작별의 인사를 하고 왔던 길을 되돌아왔다. 방파제에서 바라보는 다카마쓰의 야경은 생각보다 화려하다. 시코쿠에서 가장 높은 건물인 다카마쓰 심볼타워와 주변 호텔들이 울퉁불퉁한 스카이라인을 이룬다. 도쿄나 오사카에 비하면 여전히 시골일지 몰라도, 어엿한 시코쿠의 관문인 다카마쓰는 오랜 개발을 거쳐 지금의 현대적인 모습을 갖추었다. 1988년에는 일본에서 가장 긴 다리인 세토대교를 개통하고, 1989년에는 다카마쓰 공항이 생겨서 땅길과 하늘길을 연이어 열었다. 높아지는 도시의 위상과 더불어 다카마쓰항까지 새로 단장하면서 볼품없는 콘크리트 등대를 흔적도 없이 지워버리고, '세계 최초'라는 타이틀을 가진 현대적인 디자인의 유리 등대를 세운 것이다.

물론 이런 변화 덕분에 다카마쓰 여행이 더욱 편리해졌지만, 등대의 겉모습을 바꾸는 일도, 요즘처럼 화려한 효과로 사진을 꾸미는 일도 결국 본질의 포장에 불과하다는 생각이 들었다. 빠르게 변화하는 삶은 과거를 추억할 시간조차 허락하지 않는다. 선포트 다카마쓰에서 만난 나이 든 사진사처럼 언젠가 자신이 뒤처

지고 나서야, 잃어버린 것의 가치를 깨닫게 되겠지. 소도시의 고즈넉한 풍경이 오랫동안 변하지 않길 바라는 마음은, 아이가 천천히 자라길 바라는 부모의 이기심과 닮았는지도 모르겠다. 선포트 다카마쓰에서 만난 그 사진사는 옛날 등대의 모습을 어떻게 기억하고 있을지 문득 궁금해졌다.

다카마쓰 심볼타워 8층에서 바라본 세토시루베

세토시루베 せとしるべ

주　　소　　香川県高松市サンポート8

가 는 법　　다카마쓰역에서 도보 15분

전화번호　　087-821-7012 (다카마쓰 해상 보안부 교통과)

여행 팁

선포트 다카마쓰에서 노을을 감상하며 근사한 식사를 하고 싶다면 산책로에 있는 이탈리안 레스토랑 '미케일라 바이 더 시Mikayla by the Sea'를 추천한다. 다카마쓰 심볼타워 30층에 있는 무료 전망 스페이스 또는 8층 옥상 테라스에서도 선포트 다카마쓰와 세토시루베의 야경을 조망할 수 있다.

바다의 신을 향한 1,368개의 계단

고토히라

고토히라궁

계단의 구조는 단순하다. 발 한쪽 들어갈 크기의 디딤판 여러 개를 높이차를 두고 비스듬히 쌓으면 그만이다. 계단은 고전적이지만, 그만큼 안정적이기도 하다. 무너지지 않는 한 에스컬레이터나 엘리베이터처럼 고장 날 일도 없다. 평소에는 외면받을지 몰라도 비상시에는 유일한 동아줄이 된다. 모든 사람을 일정한 속도로 운반하지 않고, 각자의 의지대로 움직이게 놔둔다는 점도 계단의 미덕이다. 때로는 가파른 길도 오르내려야 하는 인간을 계단만큼 오래, 그리고 널리 도와준 구조물이 또 있을까.

하지만 1,368개는 좀 너무하다. 산 중턱에 자리 잡은 신사는 셀 수 없이 많지만, 고토히라궁처럼 참배 길을 돌계단으로 도배해 놓은 곳은 흔하지 않다. 아무리 섬나라 사람에게 절대적인 바다의 신을 모신다고 해도, 끝없이 긴 계단 때문에 참배를 포기하는 일본인도 있을 것이다. 평소에 계단이라면 질색하는 나 역시 고민을 거듭하다, 여행자의 호기심에 못 이겨 고토히라궁으로 향했다.

다카마쓰에서 전철로 한 시간쯤 달려 도착한 고토히라궁은 바다의 안전을 수호하는 신 '오모노누시노미코토大物主命'를 섬기는 신사다. 참배 길이 시작되는 곤피라오모테산도こんぴら表参道 상점가에서 해발 521m인 조즈산象頭山 중턱에 있는 본궁까지 총 786개의 계단을 올라야 한다. 7(七), 8(八), 6(六)을 뜻하는 일본 한자에는 각각 '나나なな', '야や', '무む'라는 발음이 있는데, 이를 합치면 '번뇌하다'라는 의미인 '나야무なやむ'와 발음이 비슷하다. 그래서 785개 계단이 되도록 중간에 내려가는 계단을 하나 설치했다. 수식처럼 한 칸을 뺀다는 의미에서 이 계단을 '마이너스 일단マイナス一段'이라고 부른다. 나는 오히려 원래 숫자인 786개가 절묘하다

고 생각했다. 계단을 오르는 내내 고토히라궁을 정말 올라야 하는지 심각한 번뇌에 휩싸였으니까.

본궁에서 584개 계단을 더 올라가면 산 정상에 있는 이즈타마신사가 나온다. 참배 길 입구에서 꼭대기까지 이어지는 돌계단과 깊은 산속 웅장한 건축물을 누가 언제 지었는지 아무도 정확히는 모른다. 그러나 1165년에 일본 스토쿠 왕을 본궁에 모시고, 무로마치 시대1336~1573 때부터 참배가 성행했다는 기록이 있어, 천년 가까이 신앙의 본거지였다는 사실을 알 수 있다.

이곳에서는 고토히라궁을 친근하게 '곤피라 씨'라고도 부른다. 왜 고토히라궁을 곤피라 씨라고 부르는 것일까. 원래 곤피라는 인도 갠지스강에 사는 악어신 쿰비라Kumbhira에서 온 말이라고 한다. 어쩌다가 인도의 신이 일본 시코쿠 가가와현까지 왔는지는 모르지만, 일본 신화에서도 악어가 비를 관장하고 물을 지키는 신성한 존재로 여겨졌으니 일맥상통하는 부분이 있다. 좋은 것은 기꺼이 취한다는 일본의 '이이토코토리良いとこ取り' 정신이 여기에서까지 발휘된 것인지도 모르겠다.

마침내 고토히라궁으로 올라가는 길. 상점가에 있는 기념품 가게마다 대나무 지팡이가 잔뜩 진열돼 있어 다가올 고난을 짐작할 수 있었다. 이 대나무 지팡이는 가게에서 물건을 사면 무료로 대여해주기도 하고, 따로 비용을 지불하고 빌리거나 구입할 수도 있다. 상점가에서 참배 길이 본격적으로 시작되는 오오몬大門까지 총 365계단인데, 이곳은 돈을 내면 가마꾼이 실어다 주기도 한다. 그런데 그날은 예약이 꽉 찼는지 어디에도 보이지 않았다. 어쩔 수 없이 이를 악물고 한 계단씩 묵묵히 올라갔다. 오오몬에 이르니 벌써 다리가 떨리고 표정이 일그러졌다. 그 상황을 꿰뚫어 보기라도 한 듯 머리 위에 '웃는 얼굴로 행복笑顔で幸せ'이라는 문구가 적힌 플래카드가 펄럭이고 있었다.

오오몬을 지나자 푸른 숲길이 나왔다. 촘촘한 나뭇잎 틈새로 햇살이 내려앉아 돌계단에 빛 멍울이 졌다. 힘들면 나무 그늘에서 쉬며 바람에 땀을 식혔다가 다시 걷기를 반복했다. 100계단쯤 올랐을까? 어딘가에 주저앉고 싶어질 때, 화장품 기업 시세이도에서 운영하는 가미쓰바키神椿가 보였다. 가미쓰바키는 산속에서 고급스러운 만찬을 경험할 수 있는 레스토랑 층과 간단한 식사와 음료, 디저트를 제공하는 카페 층으로 나뉘어 있다. 아침 식사도 거른 채 산을 오르고 있었던 나는 카페에 들어가 새우튀김 샌드위치를 주문했다. 창밖으로 싱그러운 녹음을 감상하며 쉴 새 없이 흐르는 땀을 닦았다. 주변을 둘러보니 참배를 마친 뒤 여유로운 표정으로 알록달록한 파르페를 즐기는 사람이 대부분이었다. 그 느긋한 모습을 보자 마음이 급해져 샌드위치 접시를 얼른 비우고 다시 길을 나섰다.

어느새 638계단째. 태양의 신을 모시는 신사 아사히노야시로의 웅장함과 섬세함에 압도될 차례였다. 1837년에 지어진 중요 문화재로서 곳곳에 하늘과 동식물을 조각한 작품이 전시되어 있다. 건축물이 워낙 장엄해서, 이곳을 본궁으로 착각하고 발걸음을 돌리는 관광객도 종종 있다고 한다. 얼른 본궁을 봐야겠다는 생각으로 남은 계단을 한 번에 두 칸씩 성큼성큼 뛰어 올라갔다. 785번째 계단을 지나는 순간 기적처럼 시원한 바람이 불어왔다. 본궁 앞에는 소원을 비는 사람들의 행렬이 끊이지 않았다. 전망대에서는 산 너머로 고즈넉한 마을 풍경이 보이고, 반대편에는 참배객이 나무판에 소원을 적어서 걸어 두는 곳과 부적을 비롯한 각종 기념품을 판매하는 가게도 있다.

이곳에는 유난히 '곤피라 이누'라고 불리는 강아지 모양 기념품이 많은데, 다리가 불편한 주인을 대신해 식비와 헌물을 목에 걸고 계단을 올랐던 강아지를 기념한다. '길吉'이나 '흉凶'으로 운세를 점칠 수 있는 제비뽑기도 앙증맞은 곤피라 이누 조각상 안에 들어 있었다. 100엔을 내고 한 장을 뽑아 펼쳐 보니 작은 행운을 뜻하는 '소길小吉'이다. '초조해할수록 괴로움이 커지니 마음을 차분히 가져라'라는 조언에 마음이 뜨끔했다.

본궁에서 정상까지 600개에 가까운 계단이 남아 있었지만 이미 체력이 바닥난 터라 발걸음을 돌렸다. 내려오는 길은 순식간이었다. 애초에 1,368개 계단을 다 오를 생각은 없었지만, 막상 산에서 내려와 되돌아보니 생각보다 여정이 짧게 느껴졌다. 산꼭대기에서만 누릴 수 있다는 수려한 풍경과 한적한 분위기를 직접 경험하지 못해 조금 미련이 남았다.

그러나 정작 내가 아쉬워해야 할 것은 오르지 못한 계단의 수가 아닌, 오를 때의 마음가짐이 아니었을까. 고토히라궁은 일본

785개의 계단을 다 오른 후
전망대에서 선물 같은 풍경을 감상했다

어렵게 방문한 본궁을 구경하거나 사진으로 남기는
사람들의 모습

인이 평생 한 번쯤 참배하고 싶어 하는 신사 중 하나다. 먹고살기 위해 바다로 나가야 하는 지리적 환경인 만큼, 수많은 사람이 가족의 안전을 위해 경건한 마음으로 계단을 올랐을 것이다. 단순히 여행자의 얄팍한 의무감에 이끌려 한시라도 빨리 오르는 데에만 집중했던 내가 부끄러웠다.

얼마나 높이 가느냐보다 어떤 마음으로 걷느냐가 더 중요한 길이 있다. 고토히라궁의 1,368개 계단이 그런 곳이다. 등산로로 내버려 두지 않고 일일이 돌계단을 놓은 것은 한 걸음 한 걸음 천천히 나아가란 뜻이었는지도 모르겠다. 다음에는 목표를 이루는 데에만 급급한 도시인의 습성을 버리고, 계단의 개수에 상관없이 누군가의 안전과 행복을 바라며 걸으리라 다짐했다. 어쩌면 혼자만의 편익이 아닌 다른 이의 치유를 진심으로 바라는 마음의 여유야말로 나와 내가 사는 도시에 꼭 필요한 '힐링'이 아닐까.

나무패에는 가족의 건강과 대학 합격, 연예인을 향한 응원
등 다양한 소원이 적혀 있었다

고토히라궁 金刀比羅宮

주　　소　　香川県仲多度郡琴平町892-1

가 는 법　　고토덴 고토히라선 고토히라역 또는 JR 도산선 고토히라역에

서 참배 길 입구인 곤피라오모테산도こんぴら表参道까지 도보 약

10~15분

전화번호　　0877-75-2121

홈페이지　　www.konpira.or.jp

여행 팁

고토히라궁에는 별도의 입장료가 없지만, 박물관 등 내부 시설을 관람하려면
따로 입장료를 내야 한다.

본궁에서 정상까지는 숲이 더욱 우거져 있으며, 중간에 쉬어갈 곳이 마땅치 않
다고 하니, 마음을 단단히 먹는 것이 좋겠다.

도시와 자연이 만나는 경계

만노

국영사누키만노공원

　대학교 졸업을 앞둔 어느 밤, 서울의 빌딩 숲을 보며 저 수많은 불빛 중 어딘가에 내가 일할 곳이 있을까 하는 생각을 했다. 몇 년 후, 도심 한복판에 있는 20층짜리 건물에 책상 하나를 갖게 되었다. 대학 생활의 족쇄였던 등록금의 배 이상을 연봉으로 받았다. 고마운 마음도 잠시, 그렇게 간단히 벌리는 돈이었다는 사실이 오히려 허무하고 야속하게 느껴졌다. 뒤얽힌 이해관계만큼이나 미움과 견제가 끊이지 않았던 직장생활은 나의 추악하고 나약한 본성을 자꾸만 들추었다. 퇴근길에 고층 빌딩 사이를 걷고 있으면 철근과 유리로 무장한 건물들이 나를 향해 쏟아져 내릴 것만 같았다. 지금도 시야가 닿지 않을 정도로 높은 건물을 올려다보면 경이롭기보다는 메스꺼운 기분이 든다. 도시병에 제대로 걸린 것이다.

이 병에는 자연만 한 치료제가 없다. 그러나 아마존 밀림이나 아프리카 사파리까지 갈 형편이 못 되는 나는 일본에서 자연이 가장 잘 보존된 시코쿠로 향했다. 열대 우림이나 사파리에 비할 수 없지만, 그곳에는 국영사누키만노공원이 있었다. 시코쿠 지방에 단 하나뿐인 국영공원으로 작은 도시 하나가 들어서도 될 100만 평 규모를 자랑한다. 국영공원은 일본 정부가 적극적으로 조성 및 관리에 참여하는 녹지대로 1970년부터 환경 오염을 막기 위해 추진해 왔다. 일본에 열일곱 곳뿐인 국영공원은 자연을 보전하고 시민의 삶의 질을 높이는 중요한 역할을 한다.

국영사누키만노공원이 있는 만노는 인구수보다 밭에 있는 해바라기가 더 많을 것 같은 조용한 시골 마을이다. 도시를 떠올리게 하는 요소는 좀처럼 찾아보기 힘들다. 3층을 넘는 건물조차

용머리 마을에서 바라본 국영사누키공원의 풍경

희귀하고, 하늘을 가리는 것은 사누키 산맥의 능선뿐이다. 만노에서 택시를 운전하는 사노 기사님은 사누키 산맥이 바람을 막아주어 태풍 피해가 적다고 했다. 그 말을 듣고 나니 산에 안긴 마을이 요람에 누인 아이처럼 평화로워 보인다.

마을 곳곳을 황금빛으로 수놓는 해바라기밭을 거쳐 공원으로 향했다. 입구부터 남달랐다. 나무로 우거진 산길을 한참 달려 톨게이트를 지나고, 다시 넓은 주차장을 통과해야 한다. 입장권과 지도를 손에 쥐고 들어가자 공원 마스코트인 용 '도라유메ドラ夢'가 반겨준다. 도라유메는 공원 바로 옆에 있는 일본 최대 농업용 저수지 만노이케満濃池에 사는 상상 속 동물이다.

국영사누키만노공원은 인공적인 요소와 야생 그대로의 모습이 뒤섞여 있었다. 용이 승천하는 모습을 표현한 인공폭포와 히류이케飛竜池라는 연못 주변의 수국 정원을 걸을 때만 해도 그저 넓은 공원쯤으로 생각했다. 총천연색의 수국 사이를 넘나드는 거미와 발밑을 기어 다니는 도마뱀을 보고 아연실색하기 전까지는. 인적 드문 곳을 지날 때는 풀숲에서 부스럭거리는 소리가 들려 화

들짝 놀란 것도 한두 번이 아니었다. 표지판이나 산책로가 없는 길도 많으니 각자의 안전은 각자의 몫인 셈이다.

수국으로 가득한 꽃길을 지나 '희망의 언덕 전망대希望の丘展望台'에 올랐다. 한눈에 다 담기지 않을 정도로 넓게 펼쳐지는 만노이케와 조주산의 전경이 반긴다. 산에 둘러싸인 만노이케는 마치 하늘을 비추는 대지의 눈동자 같다. 정말 용이 산다고 해도 이상하지 않은 풍경이다. 전망대를 내려오면 히류이케가 보인다. 잔잔한 수면에 거대한 산과 나무를 담고 있는 청록색 연못에 당장이라도 빨려 들어갈 것 같았다. 비릿한 물 내음이 촉촉한 공기를 뚫고 코를 찔렀다.

공원의 여러 구역 중 용머리 숲竜頭の森에는 함부로 들어갔다가 곤욕을 치렀다. 용머리 숲에 있는 '바람이 보이는 언덕 전망대風の見える丘展望台'에 가려다가 벌레 떼에 쫓겨 길을 잃은 것이었다. 영역을 침범당한 벌레 떼가 얼굴을 향해 맹렬한 기세로 달려드는 바람에 숲길을 헤치며 도망치듯 나왔다. 멀리서 공원 입구가 보이기 시작했을 때는 살았다는 안도감이 들 정도였다.

은은한 분홍색에서 보라색, 짙은 파란색까지
총천연색의 수국이 화사하게 피어 있다

물의 풍경을 거울처럼 비추는 히류이케의 모습을
한참 동안 바라보았다

기진맥진한 채로 입구로 되돌아와 푸드코트에 들어갔다. 걸을 때 지도를 잘 보지 않는 고약한 버릇이 있어, 산책을 마치고서야 지도를 펼쳐 그동안 누빈 장소를 되짚어 보았다. 국영사누키만노공원은 크게 용머리 언덕, 자연생태원과 사누키 숲, 용머리 마을과 용머리 숲, 호반 숲, 그리고 자동차 캠프장으로 나뉘는데 내가 지나온 곳이 고작 용머리 마을과 용머리 숲의 일부였다는 것을 알고 무척 허무했다.

국영사누키만노공원은 내게 작은 밀림과도 같았다. 물론 놀이기구와 박물관 등 사람의 손을 탄 편의시설도 찾아볼 수 있지만, 곳곳에 자연 본래의 체취가 배어 있었다. 일부 구역은 안전상의 이유로 가이드를 동행하지 않으면 출입이 금지되어 있을 정도다. 만노에 비하면 별천지인 다카마쓰로 돌아오며, 도시는 인간이 만든 거대한 방패막이일지도 모르겠다는 생각이 들었다. 어둠이 두려워 빛으로 밤을 밝히고, 산짐승도 뚫지 못할 견고한 벽을 세워 무리 지어 사는 것이다. 그런 인공 요새에 길들어 있으면서도 순수한 자연을 그리워하는 것은, 결국 그곳이 언젠가는 돌아갈 고향이기 때문은 아닐까.

공원에서 만난 살아있는 자연의 민낯은 때론 당황스러웠지만, 고요한 숲길과 연못가를 타박타박 걷자 직장이나 인간관계에 대한 고민이 희미해지면서 마음이 한결 편안해졌다. 이렇게 일상과 멀찍이 떨어진 곳에서 자연의 푸른 정기를 한껏 쬐고 나면 다시 도시에서 살아갈 힘이 생긴다. 인간의 욕구로 빽빽한 도시에 살며 나의 마음마저 좁아질 때, 걸어도 걸어도 끝이 보이지 않았던 이곳이 다시 생각날 것이다. 끝내 오르지 못한 '바람이 보이는 언덕'에는 무언가 대단한 것이 있을 것만 같다.

국영사누키만노공원 国営讃岐まんのう公園

주 소	香川県仲多度郡まんのう町吉野4243-12
가 는 법	고토덴 고토히라선 고토히라역 또는 JR도산선 고토히라역에서 하차 후 택시로 약 15분. 고토산琴参 버스 이용 시 고토히라역 앞 고토히라에키마에琴平駅前 버스 정류장에서 미카도三角, 오치바시落合橋, 또는 가와오쿠川奧 방면으로 가는 미아이美合 행 버스 탑승 후 만노코엔구치まんのう公園口 정류장 하차. 국영사누키만노공원 대표번호로 만노코엔구치 정류장에서 공원 입구까지 가는 무료 송영 버스를 예약하여 차량으로 이동하면 된다.
전화번호	0877-79-1700
홈페이지	sanukimannoupark.jp

여행 팁

매년 여름에는 일본 인디 록 밴드가 총집합한 뮤직 페스티벌 '몬스터 배시 Monster Bash'가 열려 마을 전체가 인산인해를 이룬다. 겨울에는 형형색색의 조명이 아름답게 빛나는 일루미네이션 축제도 인기다.

일본의 작은 그리스, 올리브 섬 산책

쇼도시마

올리브 공원

    그리스의 밀로스 섬은 에게해에 떠 있는 작은 화산섬으로, 루브르 박물관에 전시된 '밀로의 비너스 상'이 처음 발굴되어 비너스 섬이라고도 불린다. 투명한 바다를 향해 늘어선 알록달록한 집과 새하얀 절벽, 풍부한 고대 유적이 평화롭고 이국적인 경관을 자아낸다. 일본 소도시 이야기에 갑자기 그리스가 등장한 이유는 바로 가가와현에 밀로스 섬과 자매결연을 한 휴양지 쇼도시마가 있기 때문이다. 그리고 보면 쇼도시마 면적은 170㎢로 약 160㎢인 밀로스 섬과 비슷하고, 각각의 섬을 에워싼 세토내해와 에게해는 따뜻하고 건조한 기후까지 똑 닮았다. 하지만 무엇보다 특별한 연결고리는 바로 '올리브'다.

지혜의 여신 아테네가 그리스인에게 가장 필요한 물건을 뽑는 내기에서 올리브 나무를 내놓아 바다의 신 포세이돈을 이겼다는 신화가 있다. 포세이돈의 물보다 열매와 땔감, 시원한 그늘을 제공하는 올리브 나무가 사람들의 마음을 움직인 것이다. 물론, 그 상으로 얻은 도시가 그리스 수도 아테네임은 말할 것도 없다. 그만큼 올리브는 그리스의 역사와 문화에서 떼려야 뗄 수 없는 존재다.

일본에서는 해산물을 오래 보존해주는 올리브유의 효능에 주목해 1908년 미국으로부터 올리브 묘목을 수입했다. 미에현, 가고시마현, 그리고 가가와현이 재배지로 선정됐는데, 그중 처음 성공한 곳이 가가와현 쇼도시마다. 태풍과 해충 피해에도 불구하고, 연구를 거듭한 끝에 품질이 우수한 올리브를 생산할 수 있었다. 지금도 쇼도시마산 올리브가 일본 전체 생산량의 약 90퍼센트를 차지하며, 올리브 절임과 식용 오일, 올리브유를 넣은 화장

쇼도시마의 올리브 나무와 열매는 각각 가가와현을 상징하는
'현목県木'과 '현화県花'다

품이나 올리브 나무로 만든 공예품도 인기다. 그리스가 올리브 나라라면 쇼도시마는 올리브 섬, 나아가 일본의 작은 그리스인 셈이다.

어린 시절, 그리스만큼이나 올리브가 유명한 이스라엘에서 잠시 산 덕분에 올리브는 내게 친숙한 음식이었다. 한국에 돌아온 뒤에도 부엌 선반에는 늘 올리브 절임이 있었다. 당시에는 흔한 음식이 아니었기에 집에 놀러 온 친구에게 장난삼아 먹어보게 하면, 대부분 삼키지 못하고 뱉어내기 일쑤였다. 그도 그럴 것이 올리브는 어린이 간식보다는 와인 안주로 제격인 어른의 맛에 가깝다. 따뜻하고 건조할수록 잘 자란다는 올리브는 햇살의 싱그러움을 꾹꾹 눌러 담은 듯 살짝만 베어 물어도 눈이 찡그려질 만큼 새콤하고 짭짤하다. 그 아릿한 맛에 익숙해져야만, 비로소 고유의 향긋함을 제대로 음미할 수 있다.

오랜만에 올리브를 맛보기 위해 다카마스항에서 올리브 마스코트가 그려진 배를 타고, 쇼도시마 도노쇼항에서 올리브 버스로 갈아타 한참을 달렸다. 가장 먼저 들어간 곳은 공원 가운데쯤 자리한 올리브 기념관. 원형 천장 아래에 거대한 아테네 여신상이 방문객을 반긴다. 역사관에는 지금의 쇼도시마를 있게 한 올리브 원목이 전시되어 있고, 그 주변에 기념품 가게와 아이스크림 판매대가 있다. 올리브 잎을 갈아 넣은 싱그러운 녹색 소프트아이스크림을 들고 밖으로 나와, 본격적으로 공원을 탐방하기 시작했다. 기념관 뒤쪽에는 허브 공예를 체험할 수 있는 '허브 크래프트관 밀로스'와 카페이자 액세서리 가게 '고리코'가 보였다. 앞쪽에서는 고대 그리스의 비밀투표 방식인 도편추방제를 본뜬 기념물을 포함한 다양한 조각 작품도 전시하고 있었다.

그러나 올리브공원의 명물은 뭐니 뭐니 해도 그리스식 풍차다. 자세히 보면 생김새가 정교하지도 않고, 곧게 뻗은 날개는 돌아가지도 않지만, 푸른 바다와 짙은 옥빛 올리브 언덕 가운데에서 새하얀 존재감을 뽐낸다. 만화 원작 영화《마녀 배달부 키키(2014)》의 촬영지였던 탓에, 그 주변에는 관광객들이 너 나 할 것 없이 빗자루를 들고 점프하는 사진을 찍고 있었다.

올리브 기념관을 나오면 그리스 도편추방제를 본뜬 기념물과
세토내해가 보인다

그리스에 온 듯한 착각에 기분 좋게 속으며 울창한 올리브 길을 거닐었다. 올리브 나뭇잎은 진한 초록에 은빛 물감을 한두 방울 떨군 것처럼 쇼도시마의 태양 아래 쉼 없이 반짝였다. 탐스러운 올리브 열매들이 서로 얼굴을 맞댄 채 가지에 주렁주렁 매달려 있었다. 올리브는 맨 처음에 풋풋한 연두색으로 열렸다가 점점 보랏빛으로 물들어 결국 농익은 검정으로 변한다고 한다. 8월에 만난 올리브는 짙은 녹색이었으니, 한참 뙤약볕을 쐬며 성숙해지는 중이었나 보다.

그저 땅에 뿌리를 내리고 열매를 맺고 사는 올리브 나무에 사람들은 저마다 원하는 의미를 부여한다. 가톨릭 성경 속 노아의 방주 이야기에서는 비둘기가 물고 온 올리브 가지가 150일 동안 이어진 대홍수의 끝을 알린다. 이슬람 경전인 코란에서도 역시 올리브를 천국에서 먹는 성스러운 열매로 묘사한다. 종교는 다르지만 똑같이 신의 축복을 뜻하는 셈이다. 그리스 신화에서는 도시의 평화와 비옥함을 상징하고, 한 번 자리를 잡으면 평균 600년을 견디는 근성 덕분에 승리와 힘을 나타내기도 한다. 그래서 고대 올림픽에서는 승리자에게 올리브 잎을 엮어 만든 관을 씌워주

올리브 소프트아이스크림은 달콤한 바닐라 아이스크림에
올리브 잎사귀의 향긋함을 더한 쇼도시마만의 별미다

언덕 위에 새하얀 풍차, 그리고 탁 트인 푸른 바다의 조화가
지중해 연안의 풍경을 연상시킨다

었다.

올리브의 여러 의미 중 나는 굳건한 생명력이 가장 마음에 든
다. 지중해에 있는 수천 년 된 나무에는 비할 수 없지만, 쇼도시마
올리브공원에도 1950년에 일본 왕이 직접 씨를 뿌린 올리브 고목
이 있다. 한눈에 봐도 품이 넉넉하고 강인하다. 꽃샘바람처럼 지
나가는 쌀쌀한 한마디에 금세 생채기가 나고, 소나기처럼 만나는
작은 시련에도 뿌리째 흔들리는 나와는 정 반대다. 그러나 담담
하게 견뎠다고 해서, 아픔을 몰랐을 리는 없다. 그저 고통이 지나
간 자리를 스스로 보듬고, 가끔 찾아오는 행복을 오래 기억하며
버틴 것이겠지. 낯선 섬에서도 햇살과 바닷바람을 양분 삼아 무
럭무럭 자란 기특한 올리브 나무처럼, 다시 이곳에서 올리브 고목
을 마주할 때는 나 역시 지금보다 단단한 사람으로 성장해있으리
라 믿는다.

올리브공원 オリーブ公園

주　　소　香川県小豆郡小豆島町西村甲1941-1

가 는 법　쇼도시마 도노쇼항土庄港, 이케다항池田港 또는 구사카베항草壁

　　　　　湊에서 올리브 버스 탑승 후 올리브코엔구치オリーブ公園口 또는

　　　　　선올리브サン・オリーブ역에서 하차

전화번호　0879-82-2200

홈페이지　www.olive-pk.jp

여행 팁

올리브공원에서 가까운 쇼도시마 항구는 구사카베항, 이케다항, 도노쇼항 순이다. 항구가 여러 군데 있으니 다카마쓰와 쇼도시마를 오갈 때 꼭 같은 항구를 이용할 필요는 없다. 방문하고 싶은 관광지의 위치나 순서에 따라 어느 항구를 통해 들어가고 나갈지 결정하는 편이 좋다.

올리브 나뭇잎은 원래 끝이 뾰족하지만 드물게 가운데가 안쪽으로 파여서 하트 모양으로 자라기도 한다. 쇼도시마에는 하트 모양 올리브 잎을 찾으면 행운이 따른다는 속설이 있다.

'올리브원'은 올리브공원 바로 옆에 있는 별개의 관광지로, 조각가 이사무 노구치가 만든 놀이 시설과 아트 갤러리, 올리브 가공장加工場, 기념품 가게 등이 있으므로 함께 둘러보기 좋다.

올리브공원과 함께 쇼도시마 인기 명소인 엔젤로드는 하루에 두 번, 썰물 때만 나타나는 모랫길이다. 미리 시간을 확인하고 여행을 계획하자.

일 년에 이틀만 건널 수 있는 행복의 다리

미요토

쓰시마 신사

일본 사람은 기간 한정 상품을 참 좋아한다. 레스토랑이나 카페에서도 시즌마다 한정 메뉴를 선보이고, 기념품 가게에서도 인기 캐릭터와 협업한 리미티드 상품을 판매한다. 편의점에서는 몇 주 간격으로 새로운 맛의 과자와 아이스크림이 기간 한정으로 출시되었다가 사라지곤 한다.

도수가 낮아 가볍게 즐기기 좋은 과일 향 탄산주 '호로요이' 역시 언제든지 살 수 있는 복숭아나 우유 소다 맛 옆에 한정 마크가 붙은 제품을 꼭 놓아둔다. 다카마쓰에서 지낼 때는 여름에만 출시되는 파인애플 맛 호로요이가 인기였다. 여름밤에 어울리는 알록달록한 불꽃놀이 일러스트와 한정 마크가 단숨에 시선을 사로잡는다. 다른 제품을 사러 갔다가도, 지금이 아니면 맛볼 수 없을지도 모른다는 조바심과 예쁜 포장 탓에 무심코 집어 들고 만다. 달짝지근한 과즙과 쌉쌀한 뒷맛까지 맛깔스럽게 재현한 파인애플 향 술이 마음에 쏙 들지만, 또 한 번 맛보려면 아마 다음 해까지 기다려야 할 것이다. 특별하고도 애달픈 한정판의 매력이다.

가가와현에만 있는 독특한 기간 한정 아이템으로는 쓰시마 신사를 꼽을 수 있다. 일 년 365일 중 단 이틀만 방문할 수 있는 진정한 리미티드 여행지로, 다카마쓰에서 서쪽으로 40km쯤 떨어진 미토요라는 도시에 있다.

1593년에 세워진 이곳은 아이들을 질병으로부터 보호하는 수호신 '스사노오노미코토素戔嗚尊'를 모신다. 예전에는 음력 6월 24일과 25일에 배를 타고 건너가 축제를 즐겼지만, 지금은 아이

들이 방학을 맞이하는 양력 8월 4일과 5일에 '행복의 다리'라고 부르는 250m 길이의 빨간 다리를 일반인에게 개방한다. 신사 바로 앞에 있는 전철역 쓰시마노미야津島ノ宮역도 축제가 열리는 이틀 동안만 운영하는 기간 한정 역이다. 당연히 일본 전철역 중 운행 횟수가 가장 적다.

쓰시마 신사를 찾은 8월 4일은 다카마쓰에서 보내는 마지막 밤이기도 했다. 급행열차를 놓치는 바람에 보통 열차를 타고 1시간 20분쯤 달려 쓰시마노미야역에 도착했다. 역 주변은 이미 축제의 기분 좋은 소란으로 떠들썩했다. 다양한 길거리 음식과 게임을 즐길 수 있는 포장마차 거리를 지나 행복의 다리로 향했다. 이미 신사로 향하는 긴 행렬이 늘어서 있었다.

신사에서 육지로 불어오는 바람을 가미카제神風라고 부르는데, 행복의 다리에서 맞는 가미카제는 참배객의 고민과 나쁜 기운까지 씻어준다고 한다. 그래서인지 어린 자녀의 손을 꼭 잡거나, 걸음마도 떼지 못한 아기를 유모차에 태워 다리 위를 걷는 부모가 많았다.

쓰시마노미야역에서 쓰시마신사를 잇는 행복의 다리는 이틀 동안에만
약 10만 명이 건넌다고 한다

신사에 도착하니 이미 여러 가족이 흰옷을 입은 신주神主, 신사를 관리하고 각종 의식을 진행하는 사람 앞에 앉아 기도를 올리고 있었다. 신사는 토착 신앙인 신도神道 신을 섬기는 곳이지만, 그렇다고 해서 이곳에 온 참배객이 교회나 절에 가지 않는 것은 아니다. 일본의 종교는 서로를 배척하지 않고 다양한 삶의 단계에 의식처럼 녹아있다. 그래서 많은 일본인이 태어났을 때는 신사에 가서 신께 인사를 드리고, 서양식 교회 십자가 앞에서 혼인 서약을 하며, 죽은 후에 불교 사찰에서 장례를 치른다. 모든 것을 믿지만 동시에 아무것도 믿지 않는 셈이다. 그러나 자녀의 행복을 염원하는 마음만은 똑같지 않을까.

쓰시마섬과 신사를 한 바퀴 돌아본 후 포장마차 거리로 돌아와 꼬치구이와 빙수 등 각종 길거리 음식을 먹으며 허기를 달랬다. 가가와현의 독특한 먹거리라는 다코반たこ반도 맛보았다. 다코야키에서 유래한 다코반은 밀가루 반죽에 문어와 양배추, 달걀을 넣어 도톰한 팬케이크 모양으로 구운 간식인데, 내가 산 것은 만든 지 오래되었는지 눅눅하고 문어 살점도 얼마 없었다.

가가와현에서만 맛볼 수 있는 다코반
다코반이 철판 위에서 노릇노릇하게 구워지고 있다

못내 아쉬운 식사를 마치고 마지막이 될 가가와의 노을을 한 동안 바라보았다. 살구색과 푸른색 물감을 가늘게 붓질해 놓은 듯한 석양이 지평선 위에서 어른거리고 있었다. 그 황홀한 풍경에 누군가가 먹물을 쏟기라도 한 듯, 순식간에 밤이 찾아왔다. 그때, 검은 바다에서 불꽃이 솟구치다 펑 하고 터졌다. 불꽃놀이가 시작된 것이다. 한 발 한 발 소박하게 쏘아 올리는 불꽃은 분홍색과 파란색, 녹색으로 차례차례 색을 바꾸며 하늘을 수놓다가 마지막에는 금빛으로 피날레를 장식했다. 한 달간의 다카마쓰 여행을 마무리하는 축포이자, 이별을 알리는 신호탄이었다.

끝이 정해진 모든 것은 안타깝다. 그렇기에 더욱 주어진 시간에 최선을 다하게 된다. 가끔 내 삶의 마지막 날을 미리 알 수 있다면 더욱 치밀하게 계획하고 행동하지 않을까 하는 생각이 든다. 마치 돌아갈 날이 정해진 여행처럼 말이다. 한정된 기간 동안 낯선 곳에서 살아 보는 여행은 늘 탐스럽게 반짝이는 인생의 리미티드 에디션과도 같다. 어차피 번외 편이니 평소와는 다른 일에 도전해 보거나, 어떤 역할에도 얽매이지 않은 온전한 나를 여과 없이 드러낼 수도 있다. 아무리 찰나에 불과해도 그런 순간에 대한 기대감이 있다면, 도무지 끝이 보이지 않는 지루한 본 편 같은 일상도 조금은 버텨 볼 힘이 나지 않을까. 그해 여름, 내 입맛을 사로잡은 한정판 호로요이가 다시 출시되기를 기다리며 설렐 수 있듯, 행복의 이유는 의외로 사소한 곳이 숨어있는 법이니까.

불이 들어온 행복의 다리와 쓰시마 신사의 모습

쓰시마 신사 津島神社

주　　　소　　香川県三豊市三野町大見7463

가 는 법　　JR요산선 쓰시마노미야역에서 하차 후 도보 1분

　　　　　　(매년 8월 4일 및 8월 5일에만 운영)

전화번호　　0875-72-5463

홈페이지　　www.tsushima-jinja.com

여행 팁

미토요에서 가볼 만한 다른 명소로는 SNS에서 유명한 치치부가하마父母ヶ浜가 있다. 썰물과 일몰이 겹치는 순간 잔잔한 수면이 하늘을 거울처럼 비춰, 조금 과장하면 '일본의 우유니 사막' 같은 풍경을 자아낸다. 그 외에도 가가와현에서 손꼽히는 절경을 감상할 수 있는 시우데야마紫雲出山도 대표적인 관광지다.

추천 여행 코스

언젠가 일상에 작은 틈이 생긴다면, 다시 한번 다카마쓰에 갈 것이다. 다음은 그 시간을 어떻게 쓸지 행복한 고민을 거듭하며 만든 나의 추천 이정표다. 본문에 소개된 테라피를 실천할 수 있는 다카마쓰 1박 2일 코스 및 예술의 섬 나오시마와 전통의 도시 고토히라에 다녀오는 당일치기 코스로 구성된다. 여행지에서 하루 한 잔의 커피와 두세 잔의 술을 꼭 마시는 개인적인 취향이 반영된 데는 미리 양해를 구한다.

물론, 여행은 계획대로 흘러가지 않을 것이다. 드문드문 오는 버스와 전철은 여행객의 조급한 심경을 헤아려주지 않으며 일본의 공휴일을 미처 파악하지 못해 낭패를 볼 수도 있다. 하지만 그런 순간에야말로 이방인의 어설픔을 만회해 줄 새로운 발견이 찾아오기 마련이니, 부디 여유로운 걸음으로 내가 가장 사랑하는 소도시를 만나주기 바란다.

추천 숙소

JR 호텔 클레멘트 다카마쓰

여행자에게도 돌아올 집은 필요하다. 숙소를 자주 옮기는 것을 좋아하지 않는 다면 JR 다카마쓰역과 버스터미널, 고토덴 다카마쓰칫코역, 다카마쓰항과 모두 가까운 JR 호텔 클레멘트 다카마쓰를 추천하고 싶다. 교통의 요지이므로 근교 지역으로 이동하기 편하며, 밤늦게 귀가해도 안심할 수 있다. 편안하고 깔끔한 객실에 라운지, 레스토랑, 연회장 등 다양한 부대시설을 갖추고 있으며, 도보 2 분 거리에 대형 슈퍼마켓과 쇼핑몰이 자리해 편리하다.

주　　　소	香川県高松市浜ノ町 1-1
전 화 번 호	087-811-1111
홈 페 이 지	www.jrclement.co.jp

여행 팁

다카마쓰로 출발하기 전에 가가와현 관광협회에서 운영하는 공식 블로그(blog.naver.com/kagawalove)를 방문해 무료 쿠폰과 가이드북을 꼭 신청하자. 여행지에서 유용하게 쓸 수 있는 각종 티켓과 입장권은 물론, 일목요연하게 정리된 지역별 관광 명소와 페리 시간표도 공짜로 제공한다.

음식점과 카페, 다카마쓰 주변 섬으로 가는 페리 요금 등 신용 카드를 받지 않는 곳이 많으므로, 현금을 넉넉히 준비하는 것이 좋다.

대부분의 상점에서 소비세를 제외한 가격을 표기한다. 계산할 때 생각보다 금액이 많이 나와도 놀라지 말 것.

다카마쓰 1박 2일 코스

시골의 고즈넉한 정취와 도시의 편리함이 공존하는 시코쿠의 관문 다카마쓰.
주변 대도시만큼 관광지로서 많이 알려지지 않아 훨씬 여유로운 여행을 즐길
수 있다. 자동차를 빌린다면 시간을 절약할 수 있겠지만, 걷기에 자신이 있다면
대중교통으로도 충분하다. 정감 있는 노면 전차 고토덴과 JR 철도, 그리고 튼튼
한 두 다리로 소도시를 여행하며 현지인의 일상을 가까이에서 체험해 보자.

첫째 날

① 미나미코히텐

호텔 → 고토덴 다카마쓰칫코역 → 나가오선 가와라마치역(5분) → 도보(5분)

아침 7시 반부터 문을 여는 레트로 카페로 연륜 있
는 바리스타와 친절한 스태프가 반기는 동네 주민의
휴식처다. 오전에는 커피를 주문하면 토스트가 무료
로 나오는데, 잼을 원한다면 '쟈므ジャム' 버터를 원한
다면 '바타バター'라고 말하면 된다. 아침에 눈 뜨
자마자 밥보다 커피가 간절한 사람이라면, 오래된 동
네 커피 전문점에서 여행을 시작해보는 것은 어떨까.

주　　소　香川県高松市南新町3-4 2F
전화번호　087-834-2065
영업시간　07:30~20:00 연중무휴

② 리쓰린공원 (P.148)

고토덴 가와라마치역 → 고토히라선 리쓰린코엔역(3분) → 도보(8분)

두말하면 잔소리인 다카마쓰의 최고 명소로, 계절마다 새로운 모습으로 관람객을 반긴다. 걷다가 지치면 기쿠게쓰테이와 같은 안락한 다실에서 차 한 잔의 여유를 누리거나, 곳곳에 보이는 휴게소에서 당고나 빙수 등 전통 간식도 맛볼 수 있다. 일본 정원 고유의 멋을 제대로 즐기고 싶다면, 런던에서 9년을 산 후지 씨가 운영하는 기모노 렌털 FUJI에서 전통 의상 체험을 미리 신청하는 것도 좋겠다.

기모노 렌털 FUJI

주　　　소	香川県高松市栗林町1-20-16	
홈 페 이 지	www.facebook.com/kimonoritsurin	

③ 와라야

JR 리쓰린코엔기타구치역 → 고토쿠선 야시마역(10분) → 야시마산조 셔틀버스 시코쿠무라역(20분) → 도보(1분)

야시마 산밑에 있는 유명한 우동 가게로, 대표 메뉴인 가마아게 우동은 면 삶은 물과 함께 나온다. 솥에 삶은 면을 찬물에 헹구지 않아 쫄깃하기보다는 부드럽고 따뜻하며, 처음에는 면 고유의 담백한 맛을 즐기다가 따로 제공하는 간장 소스에 찍어 먹으면 된다. 와라야에서는 커다란 호리병에 짭조름한 간장 국물을 담아 주는데, 작은 그릇에 옮겨 담은 뒤 생강과 파를 취향껏 넣으면 훌륭한 소스가 된다. 여러 명이 온다면 2인용 특대 우동과 4~5인용 가족 우동이 이득이다. 냉우동이 좋다면 면을 차갑게 식혀서 판에 올려 주는 자루 우동을 추천한다.

주　　　소　香川県高松市屋島中町91
전화번호　087-843-3115

④ 야시마지 (P.160)

야시마산조 셔틀버스 야시마산조역(8분)

와라야에서 내려 시코쿠 순례 84번 절인 야
시마지까지 가는 등산로도 있지만, 리쓰린공
원에서 이미 체력을 다 소진했다면 셔틀버스
이용을 권한다. 귀여운 너구리 수호신을 만
날 수 있는 야시마지뿐 아니라 다카마쓰 시
내가 내려다보이는 전망대와 수족관 등 즐길
거리가 풍성하다. 운이 좋으면 뉴야시마 수
족관에서 돌고래쇼나 펭귄의 산책도 볼 수
있다.

⑤ 이사무 노구치 정원 미술관 (P.80)

야시마산조 셔틀버스 고토덴 야시마역(8분) → 시도선 야쿠리역(2분) → 도보
(17분)

2주 전에 메일이나 팩스로 견학을 신청하고, 대중교통이 다니지 않는 마을 깊숙
이 찾아가는 수고가 들지만, 단언컨대 그만한 가치가 있다. 세계적인 조각가 이
사무 노구치가 생전에 생활하며 작업했던 곳으로 다카마쓰의 자연과 조화를 이
루는 아틀리에와 아담한 정원, 일본식 가옥을 차례대로 돌아본다. 완성품은 물
론, 잘 알려지지 않은 미완성 조각도 눈앞에서 감상할 수 있다.

⑥ 우동보우 다카마쓰 본점 (P.22)

고토덴 야쿠리역 → 시도선 가와라마치역(19분) → 도보(5분)

다카마쓰 여행 첫날에 우동을 한 번만 먹기는 아쉽다. 우동보우 다카마쓰 본점
에서는 가가와현에서 재배한 밀가루 '사누키노유메'를 사용하는 우동, 바로 튀겨
내는 해산물과 채소 등을 맛볼 수 있다. 입구에서 직접 골라 먹는 오뎅도 별미.
여기에 생맥주 한 잔을 곁들인다면 긴 철도 여행 때문에 쌓인 피로가 눈 녹듯
사라질 것이다.

① 수타십단 우동바카이치다이

호텔 → 고토덴 다카마쓰칫코역 → 나가오선 하나조노역(9분) → 도보(5분)

줄 서서 먹는 '우동계의 카르보나라' 가마버터우동의 원조 가게다. 가마타마우동은 삶은 우동 면의 물기만 털어낸 뒤 국물 대신 날달걀과 간장을 뿌려 먹는 음식인데, 여기에 고소한 버터 한 조각과 느끼함을 덜어 줄 후추, 깨를 더했다. 한번 맛보고 나면 계속해서 생각나는 중독적인 맛이다. 그 외에도 소 힘줄을 넣어 푹 끓인 농후한 카레 우동과 주인의 한국 사랑이 드러나는 김치 우동도 가게의 자랑이다.

주　　소　　香川県高松市多賀町1-6-7

전화번호　　087-862-4705

② 마메하나 (P.34)

도보(5분)

수타십단 우동바카이치다이에서 가까운 와산본 체험 교실. 가가와현 특산품인 설탕에 고운 색을 입혀 나무틀에 굳히는 간단한 과정이므로 누구나 부담 없이 신청할 수 있다. 체험이 끝난 뒤, 직접 만든 와산본과 함께 즐기는 티 타임은 오직 마메하나에서만 가능한 특별한 경험이다. 남은 와산본은 선물용으로 가지고 돌아가거나 여행길에 들고 다니며 틈틈이 당분을 보충하기에도 제격이다.

③ 카페 & 바 나카조라 (P.60)

고토덴 하나조노역 → 나가오선 가와라마치역(3분) → 도보(8분)

천여 권의 책과 잔잔한 음악, 향긋한 커피로 채운 빈티지한 공간. 말끔한 정장 차림으로 커피를 내리는 사람이 카페 주인인 오카다 씨. 아침부터 가마버터우 동을 먹기 위해 줄을 서느라 미처 마시지 못한 커피도 느긋하게 즐기고, 과일 샌드위치 후르츠산도나 토스트를 주문해 늦은 점심을 간단히 해결해보자.

④ 다카마쓰 중앙 상점가

상점가 초입까지 도보(3분)

일본에서 가장 긴 아케이드 상점가로, 길이만 총 2.7km에 이른다. 지붕 덮인 길 양옆에 총 800여 개의 가게가 늘어서 있다. 관광객이라면 꼭 들리는 로프트와 무인양품, 프랑프랑, 다이소는 물론 주민을 위한 반찬 가게나 이발소, 가가와현 에서 출발한 전국 서점 체인인 미야와키 서점 본점 등 현지인의 생활과 밀접하 게 관련된 곳도 많다. 가게별로 영업시간이 다르나, 대부분 오전 11시에 문을 열 고 오후 7시면 닫는다. 다카마쓰 시내를 관통하며 무더운 날에는 그늘을 제공 해주고, 비 오는 날에는 방패막이가 되어주기에 도보 여행객에게는 무엇보다 고 마운 존재다.

⑤ 다마모 공원

도보(10분)

윈도쇼핑을 즐기며 중앙상점가를 걸어 나오면 어느새 다마모 공원을 둘러싼 성벽이 눈에 들어올 것이다. 다카마쓰칫코역과 인접한 이곳은 세토내해와 연결된 일본 3대 수성水城 다카마쓰 성이 있던 자리다. 1587년에 지어진 천수각은 비록 사라졌지만, 고즈넉한 성벽과 다리, 망루에서 옛 모습을 가늠해 볼 수 있다. 별도 요금을 내면 배를 타고 둘러볼 수도 있으며, 천수각 터에서 보는 다카마쓰항 전경이 아름답다.

주　　　소　　香川県高松市玉藻町2-1
전화번호　　087-851-1521

⑥ 기타하마아리 Umie

도보(8분)

다카마쓰의 젊은 예술가와 사업가가 모여 버려진 창고를 개성 있는 카페와 가게로 재탄생시켰다. 빈티지한 분위기의 잡화점과 아트북을 취급하는 독립서점, 세련된 미용실, 프랑스식 베이커리 등 총 16개의 가게가 입점되어 있다. 해가 지면 은은한 전구 장식이 창고 주위를 밝혀 더욱 눈길을 끈다. 가장 인기 있는 카페 겸 레스토랑 Umie는 다카마쓰에서 드물게 밤늦게까지 운영한다. 비프스튜나 카레, 피자, 샌드위치 등 든든한 요리는 물론 다양한 종류의 커피와 주류까지 갖췄다. 창가 자리에 앉아 노을을 바라보며 독서를 즐기거나, 책 한 권을 들고 가서 독서를 즐기기도 좋다. 물론 우아하게 '혼술'을 즐기기에도 제격. 단, 영업시간이 길다고 너무 늦게까지 머물면 돌아오는 길이 무서울지도……

주　　소　　香川縣高鬆市北浜町 3-2

전화번호　　087-811-7455

나오시마 당일치기 코스

섬 자체가 하나의 미술관이라고 불리는 나오시마는 늘 전 세계에서 온 관광객으로 붐빈다. 고급 호텔인 베네세 하우스에서 묵는다면 투숙객 전용 서비스를 누리며 호화로운 예술 여행을 만끽할 수 있으며, 보다 경제적으로 섬을 돌아보고 싶다면 게스트 하우스를 예약하는 것도 좋은 방법이다. 그러나 빠듯한 일정과 비용 문제로 당일치기 여행을 선택하는 경우가 많은 것도 사실. 만약 나오시마를 하루 만에 둘러볼 생각이라면, 한꺼번에 너무 많은 작품을 소화하려고 애쓰기보다는 미술관 두 군데 정도와 섬의 풍경을 천천히 감상하며 나오시마를 다시 찾을 이유를 남겨두라고 권하고 싶다.

나오시마 당일치기 코스는 [지추 미술관 코스]와 [이우환 미술관 코스] 두 가지로 나누어 제안했다. ①②, ⑦⑧⑨는 공통 코스이고 ③④⑤⑥은 두 코스가 다르니 좋아하는 경로를 선택해서 여행해보자.

① 메리켄야 다카마쓰 에키마에 점 [공통코스]

호텔에서 도보 이동(2분)

나오시마로 출발하기 전 아침 식사 해결에 편한 셀프 우동집. 다카마쓰역과 버스 터미널 바로 앞에 있으며, 다카마쓰 고속여객선 터미널까지 도보 5분 거리다. 사누키 우동은 단순해야 맛있다는 사실을 처음 알게 해 준 곳으로, 저렴한 가격에 한 번, 훌륭한 맛에 두 번 놀라게 된다.

주　　소　　川県高松市西の丸町6-20

전화번호　　087-811-6358

② 미야노우라항 빨간 호박 [공통코스]

다카마쓰항 고속여객선 터미널 → 나오시마 미야노우라항

다카마쓰항에서 나오시마로 가는 방법은 페리(50분)와 고속여객선(30분) 두 가지가 있다. 대중교통을 이용한 당일치기 여행을 계획한다면 가능한 이른 시간대에 출발하는 고속여객선에 탈 것을 권한다. 고속여객선은 시즌에 따라 주말이나 공휴일에만 운영할 수도 있으니 운항 스케줄을 미리 확인하자. 미야노우라항에 내리면 쿠사마 야요이의 빨간 호박이 여행객을 반긴다. 들뜬 마음으로 기념 촬영을 즐긴 뒤 쓰쓰지소로 가는 마을버스에 타면 된다.

[지추 미술관에 가는 경우(③~⑥)]

③ 쓰쓰지소 노란 호박 [지추 미술관 코스]

나오시마 미야노우라항 마을버스 정류장 → 쓰쓰지소

쓰쓰지소 정류장에서 내린 뒤 베네세 하우스 뮤지엄 방향으로 5분쯤 걸어가다 보면 해변에 설치된 쿠사마 야요이의 노란 호박이 보인다. 시시각각 변하는 하늘과 바다를 배경으로 한 동화 같은 풍경은 나오시마의 상징이기도 하다. 노란 호박과 함께 마음껏 추억을 남긴 뒤에는 베네세 하우스 서틀버스 시간에 맞춰 정류장으로 다시 돌아오면 된다.

④ 지추 미술관 (P.114) [지추 미술관 코스]

쓰쓰지소 셔틀버스 정류장 → 지추 미술관

지추 미술관 티켓은 온라인으로 미리 구입해야 하며, 입장 시간은 15분 단위로
지정할 수 있다. 표를 수령한 뒤 미술관으로 가는 길에는 클로드 모네의 수련을
모티브로 한 연못 정원인 지추 가든이 있다. 땅속에 가라앉은 지추 미술관에 들
어가면 직원의 안내에 따라 작품을 관람하게 되는데, 클로드 모네, 제임스 터렐,
월터 드 마리아의 예술 세계뿐 아니라 안도 다다오가 지은 섬세한 건축도 볼거
리 중 하나다.

⑤ 지추 카페 [지추 미술관 코스]

통유리 너머로 보이는 바다 전망이 일품인 미술관 카페. 세토내해 레모네이드
와 올리브 소다 등 가가와현 특산품을 활용한 음료와 간단한 식사, 디저트를 제
공한다. 카페에서 바로 이어지는 야외 공간으로 나가 신선한 햇살과 바닷바람을
쐴 수 있으니, 짧은 산책을 즐기며 작품이 남긴 여운을 곱씹어 보자.

주   소   香川県香川郡直島町3449-1

⑥ 이에 프로젝트 (P.128) [지추 미술관 코스]

지추 미술관 셔틀버스 정류장 → 쓰쓰지소 → 마을버스로 환승 → 노코마에

정류장에서 내려 먼저 혼무라 라운지 & 아카이브에서 공통 티켓을 구입한다. 프로젝트에 참여한 7곳의 집 중 '긴자'를 제외한 6곳이 포함되어 있다. 긴자는 데시마 미술관을 담당하기도 한 아티스트 나이토 레이의 작품이며, 공식 홈페이지 방문을 통한 사전 예약이 필요하다. 지도가 그려진 티켓을 들고 보물을 찾는 기분으로 마을 곳곳을 탐방해 보자. 혼무라에는 건축가 안도 다다오를 기념하는 박물관인 '안도 뮤지엄'도 있는데, 비록 작은 규모이지만 나오시마 아트 프로젝트의 역사를 되돌아보는 훌륭한 계기가 될 것이다.

[이우환 미술관에 가는 경우(③~⑥)]

③ 이우환 미술관 (P.122) [이우환 미술관 코스]

나오시마 미야노우라항 마을버스 정류장 → 쓰쓰지소 → 셔틀버스로 환승 →
이우환 미술관

한국에서 태어나 스무 살에 일본으로 건너간 현대 미술의 거장 이우환 화백의
첫 개인 미술관이다. 지추 미술관과 베네세 하우스 뮤지엄 사이 해안가 골짜기
에 위치하여, 실외에서는 바다를 배경으로 한 설치 작품을 감상할 수 있다. 실
내 공간 역시 단순한 작품 전시에 머물지 않고 관람객이 그의 예술 세계를 충분
히 체험하고 사유할 수 있도록 꾸몄다.

④ 쓰쓰지소 노란호박 [이우환 미술관 코스]

이우환 미술관 셔틀버스 정류장 → 쓰쓰지소

미술관에서 다시 쓰쓰지소로 돌아와 잠시 여유를 갖고 쿠사마 야요이의 노란
호박이 있는 바닷가를 산책해 보자. 노란 호박 앞에서 여행객들이 자연스럽게
사진을 부탁하고, 또 찍어주는 풍경을 보게 될 것이다.

⑤ **마이마이 버거** [이우환 미술관 코스]

쓰쓰지소 마을버스 정류장 → 노쿄마에 → 혼무라 라운지&아카이브에서 표 구
입 후 이동

금강산도 식후경. 혼무라에 도착했다면 이에 프로젝트 티켓을 먼저 구입한 뒤,
나오시마 수제 햄버거로 유명한 마이마이 버거에서 점심을 먹자. 주인은 어릴
적 하와이에서 유학하며 음식점 일을 도운 경험을 바탕으로 나오시마에 작은
가게를 열었다. 섬에서 잡은 방어로 만든 튀김과 신선한 야채, 타르타르 소스를
넣은 햄버거는 그 자체로도 훌륭하지만, 취향에 따라 고수나 치즈, 아보카도를
올리면 더욱 풍부한 맛을 느낄 수 있다.

주　　소　香川県香川郡直島町本村750

전화번호　090-8286-7039

⑥ **이에 프로젝트** (P.128) [이우환 미술관 코스]

점심을 든든히 먹었다면 이제 혼무라에 숨겨진 예술의 집을 찾아 떠날 차례다.
섬 주민들이 정성스레 꾸민 동네를 차분히 걸어도 보고, 한 채 한 채의 집에서
직원의 친절한 설명을 들으며 예술 작품을 충분히 즐기자.

⑦ 유우나기 [공통코스]

노쿄마에 마을버스 정류장 → 미야노우라항

미야노우라항 근처에는 아티스트 오오타케 신로의 예술을 온몸으로 체험할 수 있는 대중목욕탕 '나오시마 센토 아이러브유(I♥湯 - 목욕, 목욕물 등을 뜻하는 한자 '湯'는 일본어로 '유'로 발음된다)'와 개성 있는 게스트 하우스, 음식점, 술집이 밀집되어 있다. 세련된 숙박 시설이나 식당도 많지만, 나는 소탈한 레스토랑 '유우나기'에 정감이 갔다. 위층은 여성 전용 게스트 하우스이며, 1층에서는 흡사 시골 밥상을 떠올리게 하는 정식 메뉴를 맛볼 수 있다. 대표 메뉴는 나오시마 넙치 정식으로 취향에 따라 튀김이나 회, 찜을 선택할 수 있다.

주　　　소　　香川県香川郡直島町2249-5
전화번호　　087-892-2924

⑧ 카페 & 바 사루 [공통코스]

도보(1분)

다카마쓰로 돌아가는 배를 기다리며 시간을 보내기 좋은 바. 홋카이도 출신 가게 주인이 지인으로부터 가게를 이어받아 운영 중이다. 음악과 서핑을 좋아한다는 그와 담소를 나누다 보면 시간 가는 줄 모른다. 나오시마 한정 맥주와 칵테일을 한 잔 비우며 벽면을 빼곡히 채운 방문객의 낙서를 읽는 재미도 있다.

주　　소　　香川県香川郡直島町2243
전화번호　　080-3697-9940

⑨ 다카마쓰항 세토시루베 (P.168) [공통코스]

미야노후라항 → 다카마쓰항

섬에 다녀온 날에는 왠지 항구 근처를 배회하고 싶어진다. 나오시마에서 돌아오자마자 하루를 마감하기 아쉽다면, 지는 노을을 보며 선포트 다카마쓰를 걷거나 빨간 등대 세토시루베까지 다녀오는 것을 추천한다. 이미 나오시마에서 충분히 걸었다고 생각되면, 다카마쓰 심볼타워 8층에 위치한 옥상 테라스에서 항구의 야경을 감상하는 것은 어떨까.

고토히라 당일치기 코스

그윽한 전통의 향기가 묻어나는 정감 있는 소도시 고토히라. 다카마쓰에서 하루짜리 철도 여행을 즐기기에 더할 나위 없는 장소다. 신나는 음악에 맞추어 우동 면을 직접 반죽할 수 있는 나카노우동학교와 높은 계단으로 악명 높은 신사 고토히라궁, 에도 시대부터 신에게 바칠 술을 빚어온 긴료노사토 양조장, 그리고 일본 고전 연극인 가부키의 전설적인 무대인 가나마루자까지. 마을의 명소를 하나하나 둘러보며 역사와 문화를 몸소 체험해보자. 고토히라역에서 내린 후에는 줄곧 걸어 다녀야 하기에 체력 소모가 크지만, 분명 고생한 보람을 느낄 수 있을 것이다.

① JR 호텔 클레멘트 다카마쓰 Vent

아침에 일어나 눈을 비비며 호텔 라운지로 내려가, 누군가가 이미 차려 놓은 진수성찬으로 하루를 시작하는 일. 여행지에서 놓칠 수 없는 작은 사치다. 2018년 10월에 리뉴얼 오픈한 Vent는 세토내해산 해산물과 올리브유를 먹고 자란 돼지고기, 사누키 흰 된장을 사용한 일본식 된장국 등 가가와현에 특화된 약 50종류의 요리를 선보인다. 셰프가 즉석에서 오믈렛을 조리해주는 라이브 키친과 셀프 우동 코너도 이곳의 자랑이다.

주　　소　　香川県高松市浜ノ町1-1
전화번호　　087-811-1164

② 나카노우동학교 고토히라교

고토덴 다카마쓰칫코역 → 고토히라선 고토히라역(1시간) → 도보(7분)

혼자서도 우동 면을 뽑을 수 있도록 모든 과정을 속성으로 알려주는 우동 체험
교실이다. 사누키 우동 면은 반죽을 비닐봉지에 넣어 발로 밟는데, 이때 흥거운
음악에 맞춰 다 함께 춤을 춘다. 마음껏 몸을 흔든 뒤에는, 미리 숙성해둔 우동
반죽을 봉으로 얇게 핀 다음 일정한 길이로 썰어 수업이 끝난 후 바로 삶아 먹
는다. 우동 레시피와 면을 미는 봉, 수료증 등 증정품 구성도 알차다.

주   소   香川県仲多度郡琴平町796
전화번호   0877-75-0001
홈페이지   www.nakanoya.net/school/form_foreigner

③ 고토히라궁 (P.175)

도보(정상까지 왕복 약 2시간)

바다의 신을 모시는 신사로 '곤피라 씨'라고도 불리는 고토히라궁. 본궁까지 가려면 산 중턱까지 이어지는 785개의 계단을 올라야 하며, 정상에 자리한 신사까지는 총 1,369개 계단이다. 참배 길 입구에 나란히 줄지어 선 기념품 가게를 구경하는 재미가 쏠쏠하며, 올라가는 길 곳곳에도 박물관을 비롯한 볼거리가 가득하다. 일 년에 세 번 제사를 지내는데, 특히 매년 가을에 올리는 대제 때는 전통 복장을 한 수백 명의 사람이 금으로 된 가마를 이고 행진하는 진풍경이 펼쳐진다.

④ 시세이도 팔러 가미쓰바키

고토히라궁 내 500계단째에 자리하고 있다. 만만치 않은 참배 길 도중 잠시 쉬어 가거나 내려오는 길에 들리기 좋다. 싱그러운 녹음에 둘러싸인 카페에서는 알록달록한 파르페가 인기이며, 레스토랑에서는 오므라이스를 비롯한 간단한 단품 요리와 정갈한 코스 요리도 즐길 수 있다. 화장품 회사 시세이도에서 운영하는 만큼 빼어난 미적 감각과 고급스러운 맛을 자랑한다.

주　　소　香川県仲多度郡琴平町892-1金刀比羅宮内
전화번호　0877-73-0202

⑤ 가나마루자

도보(20분)

400년의 역사를 자랑하는 일본의 전통 공연 예술 가부키歌舞伎는 유네스코가
지정한 인류무형문화유산 중 하나다. 고토히라에 위치한 가나마루자는 1835년
에 지어진 일본에서 가장 오래된 가부키 극장으로, 곤피라 대극장이라고도 불린
다. 1970년 국가 중요 문화재로 지정되어, 1972년부터 4년에 걸쳐 현재의 위치로
옮기고 건물을 복원했다. 극장 안에 들어가면 웅장한 무대는 물론, 배우들이 다
니는 길과 대기 공간, 무대 아래의 모습 등을 구경할 수 있다. 삐걱거리는 바닥
이 어딘가 위태로워 보이지만 매년 봄이 되면 당대 최고의 가부키 배우들이 한
자리에 모이는《시코쿠 곤피라 가부키 대연극》이 열려 전국의 팬을 들뜨게 한다.
공연 기간 외에는 견학이 가능하다.

주　　　소　　香川県仲多度郡琴平町乙1241
전화번호　　0877-73-3846

⑥ 긴료노사토 양조장

도보(6분)

고토히라궁 제사에 쓰일 신주神酒를 만드는 곳이다. 1789년부터 이어져 오는 전통술 브랜드 긴료金陵의 역사관과 판매점 역할도 톡톡히 한다. 마당 한가운데는 800년이 넘은 녹나무クスノキ가 건물을 지키듯 서 있다. 전시실에는 한 병의 술을 빚는 복잡한 과정을 알기 쉽게 설명해 놓았다. 입장료를 받지 않으므로 부담 없이 둘러볼 수 있으며, 판매점 직원도 인심 좋게 다양한 주류를 맛보게 해준다. 부드러운 청주는 물론, 새콤달콤한 유자술도 인기 상품이니 꼭 시음해보길 바란다.

주 소	香川県仲多度郡琴平町623
전화번호	0877-73-4133

⑦ 기네야 다카마쓰 오르네점

JR 고토히라역 → 도산선 다카마쓰역(40분) → 도보(1분)

우동의 매력은 심플함이지만, 저녁에 먹는 우동은 조금 화려해도 좋다. 널찍하고 정갈한 분위기에서 우동에 다채로운 토핑과 반찬을 곁들여 정식으로 즐길 수 있는 가게. 우동 장인이 매일 만드는 쫄깃한 사누키 면과 감칠맛 가득한 국물의 조화도 만족스럽다. 밥심이 필요한 사람을 위한 밥 메뉴는 물론, 술 한 잔과 함께 여행지에서의 하루를 갈무리하고 싶은 사람을 위한 주류와 맛깔스러운 안주 메뉴까지 두루 갖췄다는 것도 장점.

| 주 소 | 香川県高松市浜ノ町1-20 高松オルネ2F |
| 문 의 | www.gourmet-kineya.co.jp/brands/28 |

마루가메 당일치기 코스

다카마쓰에 이은 가가와현 제2의 도시 마루가메. 특유의 소박하고 꾸밈없는 매력과 호젓한 분위기에 정감이 가는 도시다. 우리나라에도 지점을 보유한 우동 전문점 마루가메 제면丸亀製麺덕분에 지명이 널리 알려졌지만, 사실 마루가메 제면의 운영 회사는 도쿄에 본사를 두고 있으며, 마루가메에는 지점조차 없다. 마루가메의 진정한 명물은 둥근 부채인 우치와うちわ로, 에도시대1603-1868 초기 고토히라구를 방문한 참배객에게 기념품으로 인기를 끌었다고 한다. 지금도 매년 1억 개의 부채를 생산하는데, 이는 일본 전체 생산량의 약 90퍼센트에 이른다.

대부분의 관광 명소가 마루가메역 주변에 모여 있어 당일치기로 돌아보기에 알맞다. 단, 다카마쓰역에서 한 번에 가는 열차가 자주 있지 않고, 사카이데역 등에서 갈아타야 하는 경우가 많다.

① Cafe du MISTRAL

호텔에서 도보(11분)

다카마쓰에 거주하는 프랑스인 시릴 씨가 일본어로 주문을 받는 카페. 일본 소도시 속 작은 프랑스를 만날 수 있다. 카페의 자부심은 뭐니 뭐니 해도 맛있는 커피와 빵. 전철을 타고 마루가메로 향하기 전, 향긋한 프렌치 프레스 커피로 졸음을 깨우고, 빵과 채소, 달걀 등으로 구성된 정성스러운 모닝 세트로 허기를 달래 보자.

주　　소　　香川県高松市錦町1-14-3
문　　의　　cafe-du-mistral.wpro.work

② 마루가메성

다카마쓰역 → JR 요산선 마루가메역(26분) → 도보(15분)

가메야마亀山라는 작은 산꼭대기에 그림처럼 자리 잡은 마루가메성. 내부에서 시내가 한눈에 내려다보이는 천수각은 무로마치 시대1336~1573에 처음 지어졌지만, 영주가 바뀔 때마다 일부를 허물고 다시 쌓기를 거듭했다. 현재의 천수각은 1660년에 지어졌다. 일본에 남아있는 단 12개의 목조 천수각 중 하나이며, 높이는 그중에서 가장 낮은 15m에 불과하다. 하지만, 천수각 주변을 둘러싼 성벽은 일본에서 가장 높은 60m 규모를 자랑한다. 성 입구에서부터 천수각까지 약 15분 정도 가파른 오르막길을 올라야 하기에, 인력거꾼도 상시 대기 중.

주　　소　香川県丸亀市一番丁
문　　의　www.city.marugame.lg.jp/site/castle

③ 마루가메시 이노쿠마 겐이치로 현대미술관 (P.97)

도보(15분)

건축가 다니구치 요시오의 설계와 현대 미술을 사랑한다면, 오로지 마루가메시 이노쿠마 겐이치로 현대미술관을 위해 마루가메를 방문해도 후회하지 않을 것이다. 자연광이 풍부하고 개방감 넘치는 새하얀 전시실과 강렬한 색감의 작품이 선명한 대비를 이루며, 전시실 곳곳에 벤치가 마련되어 있어 마음에 드는 작품을 느긋하게 감상할 수 있다. 3층의 작은 폭포가 보이는 카페 겸 레스토랑도 놓치면 아쉽다. 잠시 그림의 여운을 만끽하며 재충전하기에도 더할 나위 없다.

주　　소　香川県丸亀市浜町80-1
문　　의　www.mimoca.org

④ 호네쓰키도리 잇카쿠 마루가메본점 (P.50)

도보(4분)

마루가메에 왔다면, 호네쓰키도리가 시작된 마루가메 잇카쿠 본점에서 오리지 널의 맛을 느껴보자. 호네쓰키도리의 원조 도시인 만큼 그 밖에도 수많은 가게 가 있지만 점심 영업을 하는 곳은 잇카쿠 외에 찾아보기 어렵다. 후추와 마늘 향이 짙게 밴 짭조름한 호네쓰키도리에 닭고기를 넣어 만든 밥인 도리메시鳥飯 를 곁들이면, 간도 양도 알맞을 것. 속이 풀리는 진한 닭고기 수프는 덤이다. 통 통하고 부드러운 육질을 맛보고 싶다면 영계인 '히나도리'를 추천하며, 질긴 고기 를 씹을 자신이 있다면 노계인 '오야도리'에 도전해 보길 바란다.

주　　소　　香川県丸亀市浜町317

문　　의　　www.ikkaku.co.jp

⑤ 나카쓰반쇼엔 · 마루가메미술관

마루가메역 ··› JR 요산선 사누키시오야역(2분) ··› 도보(12분)

다카마쓰에 리쓰린공원이 있다면, 마루가메에는 나카쓰반쇼엔이 있다. 1688년
에 마루가메 영주 집안의 별관으로 만들어졌으며, 정원 한가운데에는 일본에서
가장 넓은 호수인 비와코를 본떠 조성한 연못과 여덟 개의 작은 섬이 자리한다.
리쓰린공원에 비하면 아담하지만, 대나무숲에 늘어선 도리이 회랑과 연못을 가
로지르는 화려한 다리, 우산 모양의 소나무 등 곳곳에 볼거리가 있다. 사진 갤러
리와 도자기 박물관도 보유하고 있으며, 부채 장인의 시범을 구경하고 직접 나
만의 부채도 만들 수 있는 우치와노미나토 뮤지엄 역시 함께 관람할 수 있다. 고
즈넉한 정원의 경치를 감상하며 정갈한 일식을 맛볼 수 있는 레스토랑 가이후테
이도 추천.

주   소   香川県丸亀市中津町25-1
문   의   www.bansyouen.com

⑥ 다코산

사누키시오야역 → 다카마쓰역(37분) → 도보(2분)

기름진 닭고기로 점심을 든든히 먹었으니, 다카마쓰역에 돌아온 뒤에는 산뜻하고 신선한 해산물과 사케로 회포를 풀어 보는 것은 어떨까. 시장에서 직송한 세토내해 해산물을 주력으로 한다. 우동뿐 아니라 문어 소비량도 일본에서 높기로 유명한 가가와현인 만큼, 찜과 튀김, 달걀말이 등 문어를 활용한 다채로운 요리가 특징. 원하는 만큼 가져올 수 있는 기본 반찬도 맛깔스럽다.

주　소　香川県高松市西の丸町11-19

문　의　087-851-9039

에필로그

삶은 기억의 조각으로 이루어져 있다. 그 안에는 보석처럼 영롱하게 빛나는 아름다운 날도, 떠올리는 것만으로도 쓰라린 날카로운 상처도, 무색무취의 투명한 일상도 있다. 그중 가장 그리운 추억은 언제나 여행이다.

여름 빛깔로 찬란하게 빛나던 다카마쓰에서의 한 달은 내가 가장 자주 꺼내어 보는 기억의 조각 중 하나다. 처음 만나는 문화와 풍경으로 충만했던 시간이 그리워서이기도 하고, 삼십 일이나 머물면서도 가보지 못한 장소가 아쉬워서이기도 하다.

그곳에서 혼자 한 달을 살며 무엇을 얻었냐고 묻는다면, 뻔하지만 '힐링'이었다고 답하겠다. 치료보다는 가볍고, 휴식보다는 무거운 그 말, 힐링.

다카마쓰에서의 힐링은 일시적인 만족감이 아니라, 삶의 태도를 교정해주는 꽤 깊이 있는 경험이었다. 우동과 와산본, 호네츠키도리 등 고향을 사랑하는 마음으로 오랫동안 지켜온 맛은 음식뿐 아니라 직업을 대하는 나의 태도까지 다잡게 했다. 단순히 이익을 추구하기보다는 주민들의 일상을 보듬고자 한 베네세 홀딩스의 아트 프로젝트는 또 얼마나 따뜻했는지. 평범한 소도시와 섬마을을 빛내는 다양한 작품은 예술을 보는 순수한 감성을 되찾아 주었으며, 작가의 독특한 시선을 통해 인식하지 못했던 새로운 세상을 발견하는 기쁨도 알게 했다.

또 매일 10km이상 낯선 길을 걸으며 누군가의 딸이나 아내, 직장 동료가 아닌 원래의 나를 만날 수 있었다. 일상에서 들키기 싫은 서툴고 불완전한 면도 모든 것이 처음인 여행지에서는 자연스러운 모습일 뿐이다. 길을 잃고 엉뚱한 동네를 헤매거나 화폐가 낯설어 자꾸만 계산을 틀렸던 기억은 오히려 유쾌한 에피소드로 남는다. 자연에 둘러싸인 공원과 절, 신사를 누비며 도시에서 위축됐던 마음이 한 뼘씩 늘어나는 것을 느꼈다. 가가와현에서 누린 자유로운 시간은 지금껏 잘 버티며 살아온 나에게 주는 선물이자 미래를 향한 응원이었다. 그곳에서 스스로 처방한 푸드·아트·워킹 테라피는 이처럼 나를 내면으로부터 위로하고, 삶을 이어갈 힘을 불어넣어 주었다.

물론 나의 여행법이 모든 사람에게 똑같이 효과가 있을 것이라고는 생각하지 않는다. 같은 장소에서 같은 것을 마주해도 느끼는 감상은 사람 수만큼 다양한 법이니까. 어디에 가서 '좋았다'라는 만족감은 유전이나 환경에 의해 저마다 다르게 조각된 취향과 그날의 날씨, 기분, 스쳐 지나간 사람들의 태도 등 수많은 요소가 절묘하게 맞아떨어진 결과일지도 모른다. 그러니 평점 사이트에 적힌 별의 개수보다는 여행이 선물하는 우연과 자신의 직감을 믿고 다카마쓰의 새로운 매력을 마음껏 찾아 주었으면 한다.

이 책을 쓰면서 추억을 떠올릴 수 있어 행복했고, 이제야 다 카마쓰를 완전히 떠난 기분이다. 내 여행의 끝이 누군가의 유의미한 시작이 되기를 기대하며 글을 마친다.

개정판에 덧붙여

메기지마:
아무것도 하지 않아도 좋은 나의 섬에서

몇 해 전부터 외출할 때 카메라와 동행하는 일이 줄었다. 여행지에서도 마찬가지다. 가벼운 차림을 선호해서이기도 하고, 여전히 서툰 사진 실력에 낙담해서이기도 하고, 사진보다는 영상, 피드보다는 스토리가 중요해진 SNS에 조금은 흥미가 떨어져서이기도 하다. 그렇지만 근본적인 이유는 따로 있다. 정말 소중한 기억은 굳이 사진으로 기록하지 않아도 오랫동안 내 안에 남아 있음을 깨달은 덕분이다.

2019년 1월 『다카마쓰를 만나러 갑니다』를 펴내고 열 달 뒤, 가가와현을 다시 찾아 며칠 동안 머문 적이 있다. 나의 다카마쓰 예찬에 설득된 고마운 독자이자, 도쿄에서 수년째 함께 술도 마시고 글도 쓰고 있는 나무 작가님과 함께. 다카마쓰에서 한 달을 지내면서도 게으른 발걸음이 미치지 못했던 장소를 주로 돌아보았는데, 그중 하나가 메기지마女木島였다.

다카마쓰항에서 페리로 20분이면 도착하는 면적 2.6㎢, 인구 100여 명의 자그마한 섬. 지명의 유래는 정확하게 밝혀지지 않았지만, 지방 세력이었던 미나모토 가문과 조정을 장악했던 헤이시 가문 사이에서 벌어진 겐페이 전쟁1189~1185 중 야시마 바닷가에서 벌어진 일화가 자주 거론된다. 전설의 명궁 나스노 요이치가 무장 미나모토노 요시쓰네의 명령으로 적군의 배에서 여인이 들고 있던 부채를 약 77m 거리에서 명중시켰는데, 부서진 부채가 가닿은 장소가 메기지마라는 이야기다. '부서지다'의 일본어인 '메게루めげる'라는 동사가 섬의 이름이 되어 처음에는 '메게지마'라고 부르다 지금에 이르렀다는 것. 그런데 일본에서는 메기지마보다 유명한 이름이 따로 있다. 바로 '도깨비 섬'을 뜻하는 오니가시마

鬼ヶ島다.

메기지마가 도깨비 섬으로 알려지게 된 계기는 독특하게도 한 사람의 연구 때문이다. 일본에는 복숭아에서 태어난 소년 모모타로가 개와 원숭이, 꿩을 이끌고 도깨비를 토벌한다는 전래동화가 오래전부터 전해지는데, 다카마쓰의 한 초등학교 교원이었던 하시모토 센타로 씨가 현지 지명과 지형을 모모타로 이야기와 연관 짓는 작업을 시작한다. '도깨비 없음'이라는 뜻을 가진 다카마쓰의 기나시鬼無 마을을 동화의 발상지로 내세워 1930년, 지금의 『시코쿠 신문』에 다카마쓰를 배경으로 모모타로 이야기를 해석하는 기사를 낸다. 그중 1914년 하시모토 씨가 직접 발견해 도깨비 소굴로 지정한 메기지마의 오니가시마 대동굴鬼ヶ島大洞窟이 관심을 끌며 사람들의 인식 속에 메기지마가 도깨비 섬으로 자리잡게 된 것이다.

이처럼 흥미로운 콘텐츠를 지녔음에도 불구하고, 그동안 내가 메기지마를 단행본이나 칼럼에서 소개하지 못한 이유는 싱거울 정도로 단순하다. 나무 작가님과 함께 메기지마를 방문한 날,

우리는 정말 아무것도 하지 않았으므로. 태풍 예보 탓이었는지 오니가시마 대동굴은 개방하지 않았고, 세토우치 국제예술제에 참여한 체험형 전시는 정기 휴무일이었으며, 발길 가는 대로 걷다 도착한 신사는 어쩐지 을씨년스러웠다. 결국 다음 배를 기다리며 모래사장이 유난히 새하얗던 해변에서 칵테일을 한 잔씩 주문해 놓고,

"작가님, 이런 곳에서 유년기를 보내면 도시 사람들과는 정서 가 다르겠죠?"

"그렇겠죠."

따위의 실없는 대화를 몇 마디 주고받다, 더 긴 침묵이 찾아 오면 편안히 즐겼다. 애써 무언가를 하지 않아도 괜찮다는 암묵 적인 동의 아래. 화사한 가을볕에 칵테일 잔에는 물방울이 송골 송골 맺혔고, 그은 피부에 닿는 바람은 비단 이불처럼 시원하고도 부드러웠으며, 잔잔한 파도 소리 사이로 아이들의 간지러운 웃음 소리가 이따금 터져 나왔다. 온전한 쉼, 무위의 즐거움. 구체적인 이유를 짚을 수는 없지만 그 시간과 장소에 완전히 매료된 우리

는, 도쿄에 돌아온 뒤에도 '그때 참 좋았죠'라며 두고두고 메기지마를 애틋하게 회상했다.

『다카마쓰를 만나러 갑니다』의 개정판 준비를 구실 삼아 세 번째 여행을 계획할 때 가장 먼저 확정한 행선지도 메기지마였다. 다시 같은 장소에서 같은 메뉴를 주문한다 한들, 그 순간과 완전히 같을 수 없음을 알면서도 어쩔 수 없었다. 도쿄에서 내내 그리워한 흰 모래사장에 그저 머물고 싶었다. 그런 계획을 알리 없는 하늘이 여행 첫날부터 비를 내리는 바람에 며칠 동안 애만 태워야 했지만.

마침내 비구름이 걷힌 여행 셋째 날, 들뜬 마음으로 메기지마로 향하는 페리에 올랐다. 온화한 세토내해에 흩뿌려진 윤슬이 보석처럼 반짝였고, 메기지마와 주변 섬들은 여름 준비를 끝낸 듯 싱그러운 초록빛으로 뒤덮여 있었다. 바다 한가운데까지 마중 나온 도깨비 조각상과 삐걱거리는 갈매기 모양 풍향계의 익숙한 환영을 받으며 메기지마에 내렸다. 이번에는 오니가시마 대동굴의 운영 상황도 미리 확인했지만, 추천 코스와 소개할 장소를 취재하느라 전날 마루가메에서 3만 보를 걷고 얻은 뒤꿈치 상처가 점점 아려와 오래 걷기 힘든 상태였다. 무엇보다 기다리고 기다렸던 화창한 날씨를 뒤로하고, 캄캄한 동굴 속을 30분 넘게 헤매는 일이 썩 내키지 않았다. 여행 작가의 의무감과 개인의 욕구 사이에서 갈팡질팡하던 나는, 결국 동굴로 향하는 버스를 타지 않고 메기지마 해안으로 발걸음을 옮겼다.

바다보다 계곡에 가까운 투명한 물빛과 호수처럼 차분한 물소리는 여전했다. 5년 가까운 세월이 흐르는 동안 홀로 정지되어 있었다는 듯이. 몇 없는 관광객마저 동굴로 떠나 누구의 눈치도 볼 필요 없는 한갓진 모래사장을 마음껏 걸었다. 어느새 고문 장치가 되어 버린 신발을 냉큼 벗어 손에 들고서. 맨발로 보드라운 모래 위를 걸으며 주변 카페를 유심히 살펴보았다. 하지만, 예전에 나무 작가님과 앉았을 플라스틱 의자는 보이지 않았고, 설상가상으로 점심때가 지나도록 문을 여는 가게조차 없었다. 별수 없이 유일하게 손님을 맞아 주는 작은 매점에서 칵테일 대신 소프트 아이스크림을 손에 들고 모래사장의 양 끝을 하릴없이 횡단했다.

몇 번쯤 오갔을까. 해안의 가운데쯤 돌을 쌓아 만든 방파제가 튀어나온 연인의 곶恋人岬에서 한참을 쉬었다. 방파제에 올라가 탁 트인 해변과 메기지마의 고즈넉한 바다마을을 감상하기도 했다. 그러다 바위에 털썩 주저앉아 명상에 잠기기도 했는데, 눈을 감아도 구름에 숨었다 나오기를 반복하는 해의 존재를, 온몸을 감싸는 바람의 온도로 느낄 수 있었다. 메기지마 항구로 탑승객을 데리러 오는 페리를 보고 몸을 일으켰을 땐 이렇게 중얼거렸다.

"메기지마는 올 때마다 시간이 멈추는 것 같네."

직장인으로 사는 시간이 더 길지만, 두 권의 여행 에세이를 출간하고 종종 여행 기사도 의뢰받다 보니, 일상을 벗어날 때마다 더 많은 이야깃거리를 남겨야 한다는 부담을 느낀다. 유행에 민감하지 않고, 낯선 현지인에게 적극적으로 다가가지 못하는 성격이라 몇 배의 노력이 필요한 탓이다. 그러나 취재만이 목적이었던 여행지에서는 새로운 지식을 흡수하고 사진을 남기기 여념이 없어, 정작 마음이 통하는 일은 드물었다. 이번에도 한정된 시간 동안 다카마쓰의 도시와 섬을 숨 가쁘게 돌아다녔지만, 언제가 될지 모를 네 번째 여행에서 다시 찾으리라 확신하는 곳은 특별한 무언가를 하지 않았던 메기지마 뿐이다. 상처와 물집투성이인 발을 핑계 삼아 반나절 동안 해안에서 무위도식하면서, 앞으로도 내가 기록하고 싶은 주제는 여행 정보나 트렌드보다는 그저 삶의 여러 순간에서의 내 마음이라는 결론을 내렸다. 남이 보기에 거창하거나 참신하지도 않아도 나에게만은 특별하고 아름다운 순간이 있어, 삶이라는 여행을, 또 글이라는 행위를 지속할 수 있는 것 아닐까.

오니가시마 오니노야카타 鬼ヶ島 おにの館

주 소 香川県高松市女木町15-22

가 는 법 다카마쓰항에서 페리로 약 20분

문 의 oninoyakata.mystrikingly.com

여행 팁

메기지마 항구에서 내리면 관광안내소이자 박물관을 겸한 오니가시마 오니노야카타가 보인다. 건물 안 인포메이션에서 오니가시마 대동굴로 가는 왕복 또는 편도 버스표를 페리 시간에 맞춰 판매한다. 동굴을 관람한 후에는 가까운 와시가미네 전망대鷲ヶ峰展望台에서 메기지마와 세토내해의 풍광을 360도 파노라마로 감상할 수 있다. 버스나 도보 이동이 싫다면, 오니가시마 오니노야카타에서 자전거를 대여해 해안과 섬 구석구석을 달려 봐도 좋겠다.

사나기지마:
세상에서 가장 순수한 위로

모든 동물은 저마다의 방식으로 사랑스럽지만, 일본에 온 뒤로 고양이에게 점점 애정이 쏠리는 이유는 접하는 빈도가 높아서다. 무엇이든 자주 보면 정이 드는데, 그 대상이 고양이니, 속수무책이다. 주변에 강아지보다 고양이를 기르는 지인이 많고, 지금 사는 맨션을 나설 때도 주차장 턱에 기대거나 계단 밑에 누워 쉬는 고양이와 종종 마주친다. 하지만 친구네 고양이는 하나같이 낯가림이 심하고, 길고양이는 얌전히 있다가도 사진만 찍으려고 하면 잽싸게 도망쳐 아쉬웠던 적이 한두 번이 아니다.

『다카마쓰를 만나러 갑니다』개정판에서 소개할 마지막 목적지로 '올리브 섬' 쇼도시마와 '고양이 섬' 사나기지마 사이에서 오래 갈팡질팡했다. 결국 여행 마지막 날에 후자를 선택한 것은, 그

저 고양이를 실컷 보고 싶다는 욕심에서 비롯되었음을 고백한다. 사나기지마는 다카마쓰에서 대중교통으로 약 1시간 거리인 다도쓰항에서 배를 타고 다시 1시간 남짓 이동해야 도착할 수 있다. 일본어 표현으로 '고양이 이마만큼猫の額ほど' 작은 0.49㎢ 면적에 주민 70여 명과 고양이 100마리가 공생한다. 다카마쓰항에서 바로 갈 수 있는 오기지마에도 60여 마리의 고양이가 살지만, 사나기지마가 시코쿠의 고양이 섬으로 떠오른 이유는 따로 있다. 바닷가에 담처럼 생긴 방파제가 늘어서 있는데, 1m쯤 되는 틈을 고양이가 폴짝 뛰어넘는 일명 '플라잉 캣flying cat' 사진을 얻을 수 있기 때문. 특히 동물 사진가 이가라시 겐타의 2015년 사진집『도비네코飛び猫』에 실린 사나기지마의 플라잉 캣이 화제를 모으며 조용했던 섬이 연간 수천 명이 찾는 명소가 되었다.

다도쓰항 근처 우동집에서 식사를 해결하고 아침 9시 5분에 출발하는 페리에 몸을 실었다. 함께한 탑승객은 예닐곱 명 남짓. 고양이 얼굴이 잔뜩 그려진 에코백을 멘 은발의 신사에게 나도 모르게 눈길이 갔고, 범상치 않은 카메라 장비를 둘러멘 젊은 작가도 보였다. 커플이나 친구끼리 방문한 여행객도 있었지만, 오로지 고양이를 보겠다는 일념으로 혼자 바다를 건너도 이상하지 않은 분위기였다.

사나기지마의 입구인 혼우라항本浦港에 내리자마자 우아한 검은 고양이가 마중 나와 방문객의 예쁨을 독차지했다. 대합소 앞 벤치 아래에서 식사를 즐기는 두 마리의 꼭 닮은 고양이도 탄성을 유발했다. 대합소는 물론, 가정집 현관 앞과 골목 여기저기에도 고양이 복지를 위한 사료와 물, 종이 상자로 만든 임시 캣 터널 등이 놓여 있었다. 누구의 소유도 아니지만 공동의 책임이기도 한 섬 고양이의 삶을, 주민들은 지나치게 간섭하지도, 방치하지도 않으며 챙기고 있었다. 그 덕에 먹고 마실 걱정 없는 고양이들은 사람들이 지나다니는 곳에서 느긋하게 식빵을 굽거나, 자기들끼리 몸싸움을 벌이며 시간을 보내고 있었다.

'간식이라도 준비해 왔어야 하는데…….'

아침까지 행선지를 고민하느라 빈손으로 온 나는, 츄르와 통조림을 챙겨온 여행객 사이에서 조금은 주눅이 들었다. 그런데

이런 나에게조차 곁을 내주는 고양이가 있었다. 방파제에 앉아 쉬고 있는데, 잿빛 털에 흰 양말을 신은 고양이 한 마리가 폴짝 뛰어올라 내 옆에 자리를 잡는 것이었다. 집사 경험이 전무한 나로서는 처음 겪는 호사였다. 간식이 없어 쓰다듬기밖에 못하는 내 손에 얼굴을 비비고 꼬리를 살랑이는 애교에 어떻게 마음이 녹지 않을 수 있을까. 작고 여린 몸으로 있는 힘껏 나눠 주는 온기가 나의 마음 가장 깊은 곳까지 닿는 듯했다.

사나기지마에서 뜻밖의 호의를 건네준 이는 고양이뿐만이 아니었다. 다도쓰항으로 돌아가는 배를 타기 직전까지, 나는 방파제 길을 간절한 마음으로 서성이고 있었다. 플라잉 캣까지는 아니더라도, 바다를 배경 삼아 방파제 위를 유유히 산책하는 고양이를 포착하고 싶었기에. 그때, 간식을 이용해 고양이 한 무리를 방파제 위로 불러 모은 피리 부는 사나이가 눈에 들어왔다. 페리에서부터 시선을 끈 고양이 에코백을 맨 신사분. 눈이 마주치는 바람에 엉겁결에 인사를 나누며 그의 이름이 오모토 토루 씨고, 고베의 사진가라는 사실을 알게 됐다. 어디에서 왔냐는 물음에 도쿄에 사는 한국인이라고 대답하니, 서울과 부산에 다녀온 적

278

이 있다며 추억 한 조각을 들려주었다.

"한국 영화 《고양이들의 아파트(2022)》를 감명 깊게 봤어요. 재건축 예정인 아파트에 사는 고양이를 담은 다큐멘터리인데, 촬영지에 가면 고양이를 만날 수 있을까 싶어 찾아갔더니 한 마리도 안 보이지 뭐예요. 그래도 부산 감천마을에서는 고양이를 꽤 만날 수 있었지요."

대화를 나누다 내가 빈손이라는 사실을 눈치챈 그는 흔쾌히 고양이 간식 한 봉지를 쥐어 주었다. 그뿐만 아니라 고양이가 방파제 사이를 뛰어넘는 순간을 알려 준 덕분에 얼떨결에 근사한 플라잉 캣 사진도 얻을 수 있었다. 고양이를 진심으로 사랑하기에, 다른 사람들도 고양이와 행복한 경험을 쌓기 바라는 순수한 마음이 전해졌다. 헤어지기 전에는 명함과 함께 직접 제작한 캘린더까지 선물해 주었는데, 책에 소개해도 좋다고 흔쾌히 허락했기에 오모토 씨의 홈페이지 주소(www.islands-photo.jp)를 이곳에 남긴다.

사나기지마에서 보낸 반나절 동안, 사회에서 보기 어려운 어른들의 해맑은 모습을 자주 목격했다. 말이 통하지 않는 작은 생명체와 교감하기 위해 사람들은 기꺼이 자세를 낮추고 언어를 몰랐던 동심으로 돌아가 눈빛과 몸짓, 그리고 체온으로 마음을 표현했다. 물론 천진하기로는 고양이들도 뒤지지 않았다. 카메라를 꺼내면 피하기는커녕, 렌즈를 향해 성큼성큼 다가오는 바람에 초점이 빗나간 적도 여러 번이었다. 특히 오모토 씨가 나눠 준 과자 봉지를 뜯었을 때, 내 주변으로 쪼르르 몰려와 앉은 자세로 애절하게 쳐다보던 눈빛은 영락없는 강아지였다. 한 번도 상처받지 않은 듯 낯선 이에게 다정한 모습도, 인기척에 눈을 가늘게 뜨고 잽싸게 몸을 숨기는 모습도 결국 인간이 만든 것 아닐까. 그날, 세상에서 가장 순수한 기쁨과 위로를 선사해 준 천사들과 그들을 보살피는 주민들에게 고마움을 표한다.

사나기지마 혼우라항 대합소 佐柳島 本浦港

주　　소　香川県仲多度郡多度津町佐柳846-1
가 는 법　다도쓰항에서 페리로 약 1 시간
문　　의　0877-32-2528

여행 팁

사나기지마에는 편의점이 없으며, 숙박과 음식을 제공하는 시설은 2017
년에 문을 연 네코노시마 호스텔ネコノシマホステル(neconoshima.jp)이
유일하다. 아침 식사와 저녁 식사는 투숙객만 이용 가능하며, 당일치기
방문객은 카페와 디저트, 그리고 매콤한 치킨 카레를 맛볼 수 있다.

두 번째 에필로그

'하루만 더…….'

4박 5일간의 다카마쓰 취재를 마무리하며, 나는 먹구름처럼 밀려오는 아쉬움에 자꾸만 뒤를 돌아봤다. 팬데믹 시대를 건너 5년 만에 걸음 한 나를 변함없는 얼굴로 반겨준 도시. 울창한 가로수와 물 내음 나는 방파제, 한때 나의 허기와 갈증을 채워 주었던 식당, 들어가 보지는 않았어도 눈에 익은 간판, 그리고 옷이나 책, 기념품 따위를 살지 말지 고민했던 수많은 상점이 오랜 친구처럼 속삭이는 듯했다. '우리는 여기에 잘 있었어'라고…….

다카마쓰에 도착한 첫날 밤에 찾은 유리 등대 세토시루베 (P.168)는 여전히 선명한 붉은 빛을 자랑했다. 날씨가 흐렸던 탓인지 예전처럼 사진 찍는 사람들은 만날 수 없었지만, 하루를 마무리하며 등대 주변에서 산책과 조깅, 낚시를 즐기는 일상적인 풍경에 잊고 있던 그리움이 몰려왔다.

리쓰린 공원(P.148)을 거닌 둘째 날 아침에는 예정에 없던 소나기가 내렸으나, 울창한 나무가 제법 듬직한 우산이 되어 주었다. 다실인 기쿠게쓰테이에서 빗소리를 배경 음악 삼아 말차를 들이킬 때는 세상 시름이 모두 잊히는 기분이었다. 방 안에 작은 새가 들어와 좀처럼 출구를 찾지 못하자 기모노를 입은 직원들이 가여워하며 창문이란 창문은 다 여느라 소란스러웠던 기억도 정겹게 남아 있다.

오카다 씨가 아닌 다른 직원이 위스키를 건네주던 나카조라 (P.60)에는 여전히 스마트폰을 보는 손님보다 종이 책장을 넘기는 손님이 많았다. 교복을 입고 코코아를 마시며 만화책을 보던 옆자리 남학생, 오늘도 그곳에 있을까.

마루가메에서 들른 우동 집 나카무라なかむら에서는 휠체어를
단 할머니와 나란히 앉아 식사했는데, 나에게 예쁘다고 말을 거는
눈빛에서 돌아가신 친할머니가 겹쳐 보였다. 오늘도 어디에선가
맛있는 우동 한 그릇을 잡수고 계시기를. 또, 함께 병맥주를 나눠
마신 야키토리 한스케半助의 이름 모를 단골손님과 취향에 맞는
칵테일을 정성껏 골라 주시며 마지막 밤의 말동무가 되어 주신 칵
테일 바 La Camarade 사장님께도 감사드린다.

쇼도시마에는 늘 부채감이 있다. 본문에 소개한 올리브 공원
(P.196) 외에도 특산품인 소면이나 간장을 맛보고 제조 과정까지
체험할 수 있는 시설, 하루 두 번 썰물 때만 모습을 드러내는 신비
로운 바닷길 엔젤로드エンジェルロード, 일본 3대 계곡으로 꼽히는
장엄한 간카케이寒霞渓 계곡, 그리고 섬마을에 부임한 여교사와 제
자들의 이야기를 그린 영화 〈스물네 개의 눈동자(1954)〉의 오
픈 세트장 등 풍성한 즐길 거리를 갖추었지만, 내 부족함 탓에 책
에서 충분히 다루지 못했다. 섬의 규모가 크고 버스가 자주 오지
않아, 욕심 많은 여행자라면 관광버스나 렌터카가 적합하며, 나처
럼 평생 운전을 해보지 않았거나 관광버스에 오를 용기가 없다면

1박 이상을 추천한다.

5년 전, 20대를 졸업하며 다카마쓰에서 한 달간의 방학을 보내고 이 책의 초판을 펴냈다. 서른 무렵 아무것도 이루지 못한 자신에게 낙담했듯, 30대 중반에 막연히 이뤘을 거라 기대한 경제적, 정서적 안정감도 환상에 지나지 않음을 깨닫는다. 여전히 진로는 불안하고, 책은 출간할 때마다 나의 부족함만 들키는 심정이다. 그러나 예전처럼 가가와현의 섬과 도시를 걷고 있으니, 살아가는 고달픔은 잊히고 살아 있는 환희가 되살아나 요동쳤다.

태어난 곳은 있어도 진득하게 살며 정든 고향이 없는 내게, 다카마쓰는 각별한 장소다. 떠올리기만 해도 마음이 푸근하고 든든한 장소가 하나만 있어도 세상이 살만하다는 사실을 처음 알려 주었기에. 이 글을 읽어 주신 분들도 자신만의 다카마쓰를 만나기를 진심으로 기원한다.

2024년 5월

이예은

나를 위로하는 일본 소도시

다카마쓰를 만나러 갑니다

1판 1쇄 발행 2019년 1월 3일

2판 1쇄 발행 2024년 6월 24일

지 은 이   이예은

펴 낸 곳   세나북스

펴 낸 이   최수진

책임편집   윤수아 | 디자인   서승연

출판등록   2015년 2월 10일 제300-2015-10호

주   소   서울시 종로구 통일로 18길 9

홈페이지   http://blog.naver.com/banny74

이 메 일   banny74@naver.com

전화번호   02-737-6290

팩   스   02-6442-5438

I S B N   979-11-93614-06-8 03980

이 책은 저작권법에 따라 보호받는 저작물이므로 무단 전재와 무단 복제를 금합니다.

잘못 만들어진 책은 구입하신 서점에서 교환해드립니다.

정가는 뒤표지에 있습니다.